Realitätsbezüge im Mathematikunterricht

Herausgegeben von
Prof. Dr. Werner Blum, Universität Kassel
Prof. Dr. Rita Borromeo Ferri, Universität Kassel
Prof. Dr. Gilbert Greefrath, Universität Münster
Prof. Dr. Gabriele Kaiser, Universität Hamburg
Prof. Dr. Katja Maaß, Pädagogische Hochschule Freiburg

Mathematisches Modellieren ist ein zentrales Thema des Mathematikunterrichts und ein Forschungsfeld, das in der nationalen und internationalen mathematikdidaktischen Diskussion besondere Beachtung findet. Anliegen der Reihe ist es, die Möglichkeiten und Besonderheiten, aber auch die Schwierigkeiten eines Mathematikunterrichts, in dem Realitätsbezüge und Modellieren eine wesentliche Rolle spielen, zu beleuchten. Die einzelnen Bände der Reihe behandeln ausgewählte fachdidaktische Aspekte dieses Themas. Dazu zählen theoretische Fragen ebenso wie empirische Ergebnisse und die Praxis des Modellierens in der Schule. Die Reihe bietet Studierenden, Lehrenden an Schulen und Hochschulen wie auch Referendarinnen und Referendaren mit dem Fach Mathematik einen Überblick über wichtige Ergebnisse zu diesem Themenfeld aus der Sicht von Expertinnen und Experten aus Hochschulen und Schulen. Die Reihe enthält somit Sammelbände und Lehrbücher zum Lehren und Lernen von Realitätsbezügen und Modellieren.

Die Schriftenreihe der ISTRON-Gruppe ist nun Teil der Reihe „Realitätsbezüge im Mathematikunterricht". Die Bände der neuen Serie haben den Titel „Neue Materialien für einen realitätsbezogenen Mathematikunterricht".

Hans-Wolfgang Henn · Jörg Meyer

Herausgeber

Neue Materialien für einen realitätsbezogenen Mathematikunterricht 1

ISTRON-Schriftenreihe

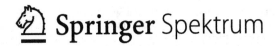 Springer Spektrum

Herausgeber
Prof. Dr. Hans-Wolfgang Henn
Technische Universität Dortmund, Deutschland
wolfgang.henn@mathematik.tu-dortmund.de

Dr. Jörg Meyer
Studienseminar Hameln, Deutschland
j.m.meyer@t-online.de

Die vorherigen 18 Bände (0–17) der ISTRON-Schriftenreihe erschienen unter dem Titel „Materialien für einen realitätsbezogenen Mathematikunterricht" beim Franzbecker-Verlag.

ISBN 978-3-658-03627-0   ISBN 978-3-658-03628-7 (eBook)
DOI 10.1007/978-3-658-03628-7
Springer Heidelberg Dordrecht London New York

Die Deutsche Nationalbibliothek verzeichnet diese Publikation in der Deutschen Nationalbibliografie; detaillierte bibliografische Daten sind im Internet über http://dnb.d-nb.de abrufbar.

Springer Spektrum
© Springer Fachmedien Wiesbaden 2014

Planung und Lektorat: Ulrike Schmickler-Hirzebruch | Barbara Gerlach

Gedruckt auf säurefreiem und chlorfrei gebleichtem Papier

Springer Spektrum ist eine Marke von Springer DE.
Springer DE ist Teil der Fachverlagsgruppe Springer Science+Business Media
www.springer-spektrum.de

Inhaltsverzeichnis

Vorwort

Dies ist der erste Band der „Neuen Materialien für einen realitätsbezogenen Mathematikunterricht", der bei Springer Spektrum seine neue Heimat gefunden hat. Dieser Band setzt die Reihe „Materialien für einen realitätsbezogenen Mathematikunterricht" fort, die bisher mit 18 Bänden (0 bis 17) beim Franzbecker-Verlag erschienen ist.

Man findet eine Übersicht über die bisher erschienen Bände im Internet auf der ISTRON-Homepage

http://www.istron-gruppe.de

unter dem Menupunkt „Schriftenreihe". Dort kann man nach Bänden, nach Autoren und auch nach Schlagwörtern suchen.

Inhaltlich bietet dieser Band einen bunten Strauß verschiedener Beiträge zum Modellieren im Mathematikunterricht. In drei Beiträgen wird das GPS behandelt und zwar von ganz unterschiedlichen Blickrichtungen: Pelz (S. 99-110) thematisiert das GeoCaching, Riemer (S. 111-125) beschreibt, wie man die Tracks sinnvoll in den Mathematikunterricht (vor allem der Sek II) einbetten kann, und Meyer (S. 45-52) erläutert den Zusammenhang zwischen GPS und Skalarprodukten.

Müller (S. 85-98) beschreibt, wie der Taschenrechner Sinuswerte berechnet (das passiert nicht mit der Taylorentwicklung!), und Henn, Humenberger und Müller (S. 1-13) loten aus, wie viel sinnvolle Mathematik in der Aufgabe steckt, unter einem Seil hindurchzukriechen.

Zwei Artikel beleuchten Modellierungen in ökonomischen Zusammenhängen: Wagener (S. 139-158) erläutert, wie die Wirtschaftswissenschaftler Märkte beschrieben und welche Folgerungen sich schon aus einfachen Beschreibungen ergeben können. Meyer (S. 27-44) thematisiert Optionen, die in der Hedgefonds-Debatte der letzten Zeit ein wesentliches Element darstellen.

Optionen haben auch mit Stochastik zu tun – immerhin lassen sich Aktienkurse als zufällige Schwankungen auffassen. Der Zusammenhang zwischen Daten und Zufall einerseits und Modellierungen andererseits wird von Vogel und Eichler (S. 126-138) dargestellt.

Auch das Erstellen zweidimensionaler Bilder von dreidimensionalen Gegenständen hat etwas mit Modellierung zu tun, worauf Meyer (S. 53-74) eingeht. Modellierung im Mathematikunterricht: Körner (S. 14-26) beschreibt Szenen, die zum Modellieren im Mathematikunterreicht gehören, und deren didaktische Bewertungen. Dass Modelle nicht nur im anwendungsorientierten Mathematikunterricht vorkommen, sondern eine sehr weitreichende Bedeutung haben, wird von Meyer (S. 75-84) ausführlich dargestellt.

Die Beiträge sind alphabetisch nach den Nachnamen des jeweils ersten Autors angeordnet.

Viel Freude beim Lesen und weitreichende Anregungen für den Unterricht wünschen die Bandherausgeber.

Hans-Wolfgang Henn

Jörg Meyer

Was ist ISTRON?

Die Schriftenreihe mit *Materialien für einen realitätsbezogenen Mathematikunterricht* wird von Werner Blum, Rita Borromeo Ferri, Gilbert Greefrath, Gabriele Kaiser und Katja Maaß im Namen der Gruppe *ISTRON* herausgegeben, und die Herausgeberinnen und Herausgeber der einzelnen Bände gehören dieser Gruppe an.

Im Jahre 1990 hat sich in *ISTRON* Bay auf Kreta eine internationale Gruppe konstituiert mit dem Ziel, durch Koordination und Initiierung von Innovationen – insbesondere auch auf europäischer Ebene – zur Verbesserung des Mathematikunterrichts beizutragen. Diese Gruppe, die sich nach dem Gründungsort genannt hat, besteht aus acht Mathematikern und Mathematikdidaktikern aus Europa und USA, darunter als deutsches Mitglied der Verfasser dieser Zeilen. Schwerpunkt der Aktivitäten soll sein, Realitätsbezüge des Mathematikunterrichts zu fördern. Konstitutiv dabei ist die Netzwerk-Idee: Die Verbindung von Aktivitäten und der sie tragenden Menschen auf lokaler, regionaler und internationaler Ebene (hieran soll auch das auf der Titelseite abgedruckte Logo erinnern).

Seit 1991 gibt es – als Teil dieses Netzwerks – eine deutsch-österreichische *ISTRON*-Gruppe. Sie verantwortet diese Schriftenreihe inhaltlich. Ihr gehören derzeit etwa sechzig Personen an: Lehrende aus Schulen und Hochschulen, Curriculumsentwickler, Schulbuchautoren, Lehrerfortbildner, Zeitschriftenherausgeber. Die Gruppe hat – ganz im Sinne der Netzwerk-Idee – wechselseitige Verbindungen sowohl mit Lehrenden auf lokaler und regionaler Ebene als auch mit der internationalen *ISTRON*-Gruppe. Zu den Aktivitäten der Gruppe gehören (neben dieser Schriftenreihe) die Dokumentation und Entwicklung von schulgeeigneten Materialien zum realitätsorientierten Lehren und Lernen von Mathematik sowie alle Arten von Anstrengungen, solche Materialien in die Schulpraxis einzubringen – durch Lehreraus- und -fortbildung, über Schulbücher und Lehrpläne sowie natürlich vor allem durch direkte Arbeit vor Ort mit Lernenden.

Für weitere Informationen und die Kontaktmöglichkeit sei auf die Homepage der *ISTRON*-Gruppe verwiesen:

www.istron-gruppe.de

Werner Blum im Namen der *ISTRON*-Gruppe

Kommentiertes Inhaltsverzeichnis

Hans-Wolfgang Henn, Hans Humenberger und Jan Hendrik Müller

Wir behandeln ein Phänomen, das Anlass zu verschiedenen Aktivitäten im Schulunterricht
geben kann (die Altersstufe der Schülerinnen und Schüler ist dabei durchaus variabel – etwa von Klasse 7 bis Jahrgang 12). Wie hoch kann man eine Schnur heben, deren Endpunkte
mit den Endpunkten einer um 1 m kürzeren Strecke am Boden übereinstimmen? Wie entwickelt sich die Höhe des Abhebens mit wachsender Streckenlänge s am Boden? Wie ist die
Situation, wenn man nicht im Mittelpunkt, sondern genau über einem Streckenendpunkt
abhebt? Diese Fragen werden unter verschiedenen Aspekten erörtert. Zum Schluss des Aufsatzes werden auch noch andere mehr oder weniger bekannte „Seilaufgaben" diskutiert.

Henning Körner

Es werden Schülerbearbeitungen von Aufgaben mit Modellierungen analysiert. Zentrales
Anliegen ist es, zu zeigen, wie konkretes Schülerhandeln fast zwangsläufig zu produktivem
Erzeugen von Modellierungskompetenzen führen kann, wenn es Lehrkräften gelingt, diese
entsprechend synthetisierend aufzunehmen und auszubauen. Es werden skizzenhaft grundlegende, notwendige Erfahrungen herausgearbeitet und benannt.

Jörg Meyer

Für Hedgefonds sind Leerverkäufe und Optionen wesentlich. Was es damit auf sich hat und
was man damit anfangen kann, wird erläutert. Der Preis von Optionen wird bestimmt. Dabei werden gegenüber der Literatur einige Vereinfachungen vorgenommen: Zinsen für Geld
werden nicht berücksichtigt, und die Diskussion verbleibt im Bereich der Binomialverteilung.

Jörg Meyer

Mit einem GPS-Gerät (Global Positioning System) kann man ermitteln, wo genau man sich
auf der Erdoberfläche befindet. Das Gerät empfängt Signale von mehreren Satelliten und
verarbeitet diese Signale irgendwie. In diesem Beitrag wird dargestellt, dass Skalarprodukte bei diesem „irgendwie" eine entscheidende Rolle spielen. Der Artikel beschränkt sich
auf die Positionsbestimmung; der Navigationsaspekt wird nicht berücksichtigt.

Markus Vogel und Andreas Eichler

Ein moderner Stochastikunterricht kann auf den Einsatz des Computers nicht verzichten. Das Kernanliegen der Stochastik - als Überbegriff von Daten- und Wahrscheinlichkeitsanalyse - ist es, die Variabilität von bereits gegebenen oder künftig zu erwartenden Daten in den Griff zu bekommen. Die stets damit verbundenen Modellierungsaktivitäten lassen sich sehr gut mit dem Computer unterstützen, sowohl in mathematisch-inhaltlicher als auch in mathematisch-didaktischer Hinsicht. In diesem Beitrag werden wesentliche didaktische Fragen der Modellierung von Daten und Wahrscheinlichkeiten besprochen, exemplarisch unterrichtspraktische Konkretisierungen vorgestellt, modellierungsbezogen reflektiert und die Bedeutung der Computerunterstützung dabei aufgezeigt.

Andreas Wagener

Anhand eines einfachen Modells eines Marktes wird illustriert, welche mathematischen Modellierungskompetenzen in der ökonomischen Theorie benötigt werden. Im Vordergrund stehen dabei das grundlegende Verständnis mathematischer Konzepte (Gleichungen, Funktionen, Ableitungen und Differentiale) und die Fähigkeit, zwischen alltagsweltlicher und mathematischer Anwendung hin- und zurückübersetzen zu können.

Unter dem Seil

Hans-Wolfgang HENN (TU Dortmund), Hans HUMENBERGER (Universität Wien), Jan Hendrik MÜLLER (Gymnasium Attendorn)

Abstract: Wir behandeln ein Phänomen, das Anlass zu verschiedenen Aktivitäten im Schulunterricht geben kann (die Altersstufe der Schülerinnen und Schüler ist dabei durchaus variabel – etwa von Klasse 7 bis Jahrgang 12). Wie hoch kann man eine Schnur heben, deren Endpunkte mit den Endpunkten einer um 1 m kürzeren Strecke am Boden übereinstimmen? Wie entwickelt sich die Höhe des Abhebens mit wachsender Streckenlänge s am Boden? Wie ist die Situation, wenn man nicht im Mittelpunkt, sondern genau über einem Streckenendpunkt abhebt? Diese Fragen werden unter verschiedenen Aspekten erörtert. Zum Schluss des Aufsatzes werden auch noch andere mehr oder weniger bekannte „Seilaufgaben" diskutiert.

1. Einleitung

Ein Band oder ein Seil, das um einen Meter länger ist als eine Strecke auf dem Boden, wird mit seinen Enden an die Enden der Strecke am Boden gehalten. Diese Aufgabe ist auch als Karte 16 „Unter dem Maßband" in der Themenbox „Funktionaler Zusammenhang" des Mathekoffers (Büchter/Henn, 2009) enthalten. Dann ist die Schnur natürlich nicht gespannt, und man kann die Schnur an einem beliebigen Punkt vom Boden abheben und spannen. Aber wie weit geht das? Verändert man nun die Strecke (und damit die Länge des Bandes) systematisch, kann man interessante Experimente durchführen und so Mathematik als Prozess erfahren.

Dieses Thema kann einerseits in Teilen schon sehr früh behandelt werden (etwa in Klasse 7), wo weder die Algebra noch das funktionale Denken besonders ausgeprägt sind, sondern vielmehr auf handlungsaktive Weise in die Ideen der Zuordnung eingeführt werden soll. Andererseits kann es aber auch später erfolgreich behandelt werden, wenn der Satz von Pythagoras und der Umgang mit Variablen (elementare Algebra) bekannt sind und das funktionale Denken bereits etabliert ist (Klasse 9 – 10). Ein weiterer Anknüpfungspunkt ergibt sich dann in der Oberstufe bei der nicht linearen analytischen Geometrie (Ellipsengleichung) oder im Kontext von Grenzprozessen.

2. Abheben in der Mitte

Die Schnur soll zunächst immer um 1 m länger als die Strecke am Boden sein.

Aufgabe für Schülerinnen und Schüler:

Stellt euch vor, die Schnur ist immer um genau einen Meter länger als die Strecke s am Boden, und wir heben die Schnur immer in der Mitte an, so dass sich dabei eine gewisse Höhe h ergibt. Was meint ihr, wie sich die Höhe h in Abhängigkeit von der Strecke s auf dem Boden verändern wird? Wird diese Höhe mit wachsendem s größer werden, gleich bleiben, oder kleiner werden[1]? Schätzt die Höhe bei den Werten von $s = 0, 1, 2, ..., 10$ m in Form einer Tabelle. Welche Höhe h würdet ihr bei $s = 100$ m oder $s = 1000$ m schätzen? Tragt eure Schätzungen in die Tabelle ein!

---

[1] Dabei kann man auch $s = 0$ m zulassen; es ist klar, dass die zugehörige Höhe $h = 0,5$ m ist – warum?

Bodenstreckenlänge s (m)	0	1	2	3	4	5	6	7	8	9	10
Schnurlänge L (m)	1	2	3	4	5	6	7	8	9	10	11
Meine Schätzung für die Höhe h (m)											

Fertigt auch eine Freihand-
skizze für den vermuteten
Verlauf des Graphen an, der
den Zusammenhang zwi-
schen einer Streckenlänge s
auf dem Boden und der je-
weils zugeordneten Schnur-
höhe h zeigt.

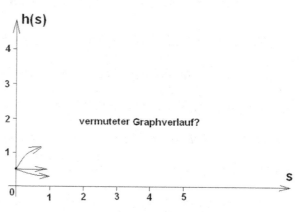

Abb. 1: Mögliche Graphen

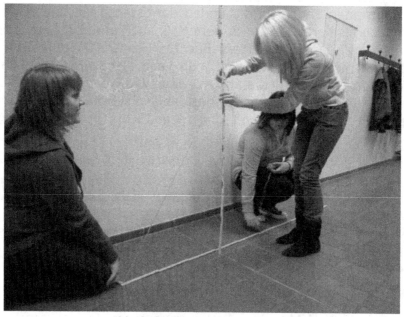

Abb. 2: Schülerinnen messen

Nach diesen Überlegungen sollt ihr das zugehörige Experiment selbst machen
und die jeweiligen Höhen messen. Vergleicht mit euren Schätzwerten, wer hat
am besten geschätzt?

Bis hierher kann diese Aufgabe schon sehr früh an Schülerinnen und Schüler gestellt
werden (z. B. Klasse 7).

Viele neigen hier dazu zu glauben, dass die Höhe mit wachsendem s immer kleiner
werde, da ja mit wachsendem s der Unterschied von 1 m immer weniger ausmacht,
so dass dieser sich bei der Höhe also immer weniger auswirke. Hier sind offenbar
ähnliche Gedanken im Spiel wie bei der berühmten Seilaufgabe um die Erde[2]. Durch

---

[2] Siehe Abschnitt 6.

Messen und Experimentieren wird man hier zur Einsicht kommen, dass die Höhe in der Mitte des Seiles mit wachsendem s doch zunimmt.

In Abb. 3 ist der zugehörige Graph dargestellt.

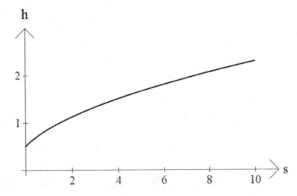

Nun stellt sich natürlich die Frage, wie man diese Zunahme einsehen kann.

Dies kann auf rein geometrischem Weg (ohne Formeln und Algebra) geschehen; dies ist wichtig, wenn man das Thema schon in Klasse 7 einsetzen und auf eine zugehörige Begründung aber nicht verzichten will.

Abb. 3: Graph zur Abhängigkeit h von s

Den höchsten Punkt der Schnur in der Mitte würde man bei gegebener Streckenlänge s so konstruieren, dass man in den Endpunkten der Strecke (A, B) mit dem Zirkel einsticht und Kreise mit dem Radius der halben Schnurlänge schneidet. Der Radius $r = \frac{s+1}{2} = \frac{s}{2} + \frac{1}{2}$ ist dabei immer um 0,5 Einheiten länger als die halbe Streckenlänge, so dass die Längen $|MD| = \frac{1}{2} = |ME|$ immer konstant bleiben, wenn man sich diese Situation dynamisch vorstellt (vgl. Abb. 4): M, D, E bleiben fest, und die Endpunkte der Strecke wandern immer weiter weg von M. Mit wachsender Strecken- bzw. Schnurlänge werden natürlich auch die Radien dieser Kreise immer größer und die Krümmung der Kreise dadurch immer kleiner, so dass klar ist, dass die zugehörigen Schnittpunkte immer weiter „nach oben wandern".

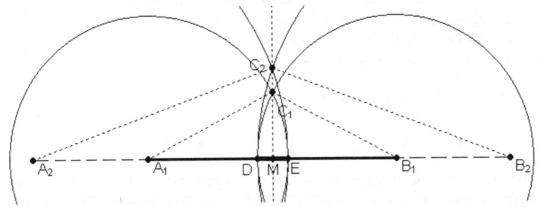

Abb. 4: Konstruktion der Abhebepunkte

Eine Alternative dazu wäre folgende Argumentation (Abb. 5), die vielleicht sogar noch einfacher ist.

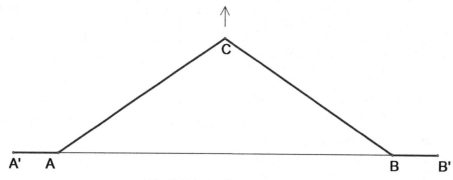

Abb. 5 Abhebedistanz nimmt zu

Wichtig hierbei ist die Erkenntnis, dass Bodenstrecke und Schnurlänge immer um dieselben Werte zunehmen (die Schnur ist ja immer um genau einen Meter länger). Wir stellen uns dazu vor, dass die Schnur in einer gewissen Position (Punkte A, B, C) gerade spannt. Nun werden die Bodenstrecke und die Schnur auf jeder Seite um ein Stück verlängert (Seilpunkte jetzt A', A, B, B', C). In dieser Position spannt die Schnur dann „natürlich" (wenn noch eine Begründung nötig sein sollte: Dreiecksungleichung) nicht mehr, so dass klar ist, dass man die Schnur bei C noch ein Stück nach oben ziehen könnte.

Diese Erkenntnis können auch schon Schülerinnen und Schüler in Klasse 7 haben und somit eine Begründung, warum die gemessenen Höhen immer größer werden.

Wenn Funktionen, die elementare Algebra und der Satz von Pythagoras im Unterricht schon vorkamen, so kann die Aufgabe auch erweitert werden (von Schülerinnen und Schülern selbständig zu bearbeiten):

Bestimmt die Funktion h mit Term h(s), mit der man die Höhe in Abhängigkeit von der Strecke s berechnen kann, ohne das Experiment durchzuführen.

Die zugehörige Algebraisierung der Situation sollte mit Hilfe des Satzes von Pythagoras leicht gelingen (vgl. Abb. 6).

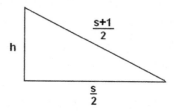

Es gilt $h^2 = \left(\dfrac{s+1}{2}\right)^2 - \left(\dfrac{s}{2}\right)^2$, woraus unmittelbar $h(s) = \dfrac{1}{2}\sqrt{2s+1}$ folgt.

Abb. 6: Rechtwinkliges Dreieck

Damit kann man auch die nicht mehr durch Experimente zu erhaltenden Werte $h(100) \approx 7\,\mathrm{m}$ und $h(1000) \approx 22\,\mathrm{m}$ bekommen und sie mit den Schätzwerten vergleichen.

Hier sieht man auch, dass h(s) nicht nur immer größer, sondern sogar beliebig groß wird (mit strenger Monotonie).

Obwohl sich also Hypotenuse und längere Kathete immer nur um ½ unterscheiden, was relativ gesehen für große s fast nichts mehr ausmacht, wächst die kürzere Kathete dabei ins Unendliche!

Solche Effekte kann man auch in der Astronomie beobachten (hier nur „umgekehrt" formuliert):

Trotz der riesigen Exzentrizität von $e \approx$ 2,5 Mio km (fast 7-mal die Entfernung Erde – Mond) ist die Bahn der Erde um die Sonne so gut wie kreisförmig, d. h. a und b unterscheiden sich „praktisch" nicht, beide sind ca. 150 Mio km, a ist nur ca. 20 000 km länger (20 000 km < 2 Erddurchmesser, Abb. 7).

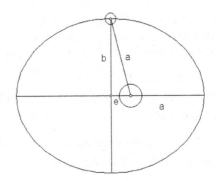

Abb. 7: Erdbahn um die Sonne

Analoges findet man bei der Aufwölbung von Brücken: Wenn sich eine 2000 m lange waagerechte Brücke (oder Eisenbahnschiene) durch die Sonnenhitze um nur ca. 1 m ausdehnt und man keine Dehnungsfugen etc. hätte, so würde sich die Brücke in der Mitte um ca. 30 m heben bzw. senken (vgl. Humenberger 2008).

Wenn die Schnur nicht immer um 1 m, sondern allgemein um v Meter länger ist, so ergibt sich analog $h^2 = \left(\dfrac{s+v}{2}\right)^2 - \left(\dfrac{s}{2}\right)^2$ und daraus $h_v(s) = \dfrac{1}{2}\sqrt{2vs + v^2}$.

Wie ändert sich die Situation, wenn die Schnur nun nicht in der Mitte, sondern am Rand angehoben wird?

3. Abheben am Rand der Strecke

Wieder soll die Schnur zunächst um 1 m länger als die Strecke s am Boden sein. Wieder sollen analoge Tabellen, Skizzen, Schätzungen und Experimente eine wichtige Rolle spielen – eine schöne Aufgabe für Schülerinnen und Schüler!

Die algebraische Analyse gelingt auch hier leicht mit Hilfe des Satzes von Pythagoras (vgl. Abb. 8): Es ist $h^2 + s^2 = (s+1-h)^2$.

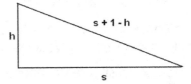

Abb. 8: Rechtwinkliges Dreieck

Löst man diese Gleichung nach h auf (die quadratischen Terme fallen weg), so erhält man für die Höhe $h(s) = \dfrac{2s+1}{2s+2}$.

Diese Werte sind alle kleiner als 1, d. h. hier wächst die Höhe zwar monoton, aber nicht mehr unbeschränkt, ein ganz großer Unterschied zum Wachstum der Höhe in der Mitte der Schnur!

h(s) kommt aber für wachsende Werte von s dem Wert 1 von unten beliebig nahe: Es gilt $\lim_{s\to\infty} h(s) = 1$, was auch ein Plot der Funktion $s \mapsto h(s) = \dfrac{2s+1}{2s+2}$ deutlich erkennen lässt (siehe Abb. 9).

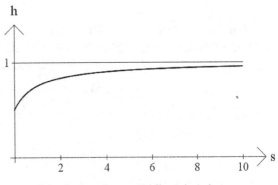

Abb. 9: Graph zur Abhängigkeit h von s

Hier könnten auch Monotonieuntersuchungen und einfache Grenzwertbetrachtungen eine Rolle spielen, wenn der Fokus nicht nur beim Problem selbst, sondern auch bei Vernetzungsaktivitäten liegen soll.

Wir haben nun die beiden Grenzwertaussagen: Bei $s \to \infty$ und einer Seillänge, die immer um 1 m länger als s ist, geht die Höhe h(s) beim Abheben des Seils streng monoton wachsend

- nach ∞ beim Abheben in der Mitte,
- nach 1 beim Abheben am Rand.

Diese geben natürlich Anlass zu weiteren interessanten Fragestellungen, wobei die zu deren Lösung gehörige Rechenkomplexität mit CAS-Einsatz gering gehalten werden kann. Man kann nämlich nach der Entwicklung der Höhe beim Abheben an anderen Punkten fragen, nicht in der Mitte und nicht am Rand.

4. Untersuchung anderer Punkte

Diese Untersuchung kann man auf verschiedene Arten einleiten, die prima vista auf widersprüchliche Ergebnisse führen. Die zugehörige Klärung kann sicher spannende Momente im Unterricht darstellen (Mathematik als Prozess).

4.1. Multiplikativer Ansatz

Wir interessieren uns für die Entwicklung der Höhe an jenem Punkt der Strecke s, der (von rechts oder links betrachtet) den festen *Anteil* t $(0 \le t \le 1)$ vom Streckenende entfernt liegt.

Die Summe der beiden Seilstücke muss $s + 1$ ergeben, daher erhält man mit dem Satz von Pythagoras (vgl. Abb. 10)

$$\sqrt{h^2 + s^2 t^2} + \sqrt{h^2 + s^2(1-t)^2} = s + 1.$$

Diese Gleichung muss nun nach h aufgelöst werden, was man sinnvollerweise

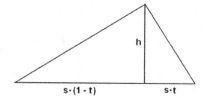

Abb. 10: Abheben - multiplikativ

einem CAS überlässt (die Rechnung soll ja den Inhalt nicht überdecken: Semantik vor Syntax!). Z. B. bekommt man mit Maple (oder analog mit einem anderen CAS) das Resultat (die positive Lösung)

$$h(s,t) = \frac{1}{2} \frac{\sqrt{4s^2 + 8s^3 t + 4s^2 t - 8t^2 s^3 - 4t^2 s^2 + 4s + 1}}{s+1}.$$

Nun kann man per Hand weiter machen und umformen zu (sinnvolle Mischung von Rechnen mit CAS und algebraischem Umformen per Hand)

$$h(s,t) = \sqrt{\underbrace{\frac{s^2(2s+1)}{(s+1)^2}}_{\to\, \infty \text{ für } s \to \infty} \cdot t(1-t) + \underbrace{\frac{(2s+1)^2}{4(s+1)^2}}_{\to\, 1 \text{ für } s \to \infty}}.$$

Aufgrund des ersten Summanden unter der Wurzel sieht man unmittelbar[3], dass sich nur dann ein endlicher Grenzwert $\lim\limits_{s\to\infty} h(s,t)$ ergeben kann, wenn $t = 0$ oder $t = 1$ ist, d. h. nur am Rand; der Grenzwert ist in diesem Fall wieder leicht mit 1 abzulesen. In allen anderen Fällen gilt $h(s,t) \xrightarrow{s\to\infty} \infty$.

4.2. Additiver Ansatz

Wir interessieren uns für die Entwicklung der Höhe an jenem Punkt der Strecke s, der (von rechts oder links betrachtet) den **festen Abstand** t ($0 \le t \le s$) vom Streckenende entfernt liegt. Man erhält analog (vgl. Abb. 11) die Gleichung

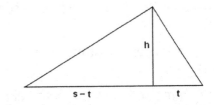

Abb. 11: Abheben - additiv

$$\sqrt{h^2 + t^2} + \sqrt{h^2 + (s-t)^2} = s + 1.$$

Ihre positive Lösung (Maple oder anderes CAS) lautet

$$h(s,t) = \frac{1}{2} \frac{\sqrt{1 + 4s^2 + 8s^2 t + 4st - 8st^2 - 4t^2 + 4s}}{s+1}.$$

Wir formen wieder „per Hand" um zu

$$h(s,t) = \sqrt{\underbrace{\frac{(2s+1)^2}{4(s+1)^2}}_{\to 1\ \text{für}\ s\to\infty} + \underbrace{\frac{(2s+1)(s-t)}{(s+1)^2}}_{\to 2\ \text{für}\ s\to\infty} \cdot t}$$

und erkennen, dass hier der Grenzwert (unabhängig von t) $\lim\limits_{s\to\infty} h(s,t) = \sqrt{1 + 2t}$ ist.

Hier könnte u. U. auch der „limit-Befehl" eines CAS zur Bestimmung dieses Grenzwertes (dann auch ohne vorherige Umformung möglich) eingesetzt werden.

Das Ergebnis des additiven Ansatzes passt natürlich nicht so ohne weiteres zum Ergebnis des multiplikativen Ansatzes. Hier haben wir festgestellt, dass sich nur an den Randpunkten ein endlicher Grenzwert ergibt. Liegt hier irgendwo ein Fehler vor? Oder sind doch beide Ergebnisse richtig? Jedenfalls ist dies eine Situation mit dringendem Klärungsbedarf. Solche Situationen können im Unterricht auch Quelle von Motivation und nachhaltigem Erkenntnisgewinn sein. In der Stochastik sind „Paradoxa" relativ häufig anzutreffen, wobei über deren didaktischen Nutzen schon viel geschrieben wurde. Aber auch außerhalb der Stochastik kann es – wie hier – immer wieder Situationen geben, die zunächst widersprüchlich erscheinen, und die deswegen auch hohes fachdidaktisches Potenzial besitzen.

Wir haben oben beim multiplikativen Ansatz festgestellt, dass sich nur bei den Werten $t = 0$ und $t = 1$ ein endlicher Grenzwert für die Höhe ergibt. Daraus haben wir „auf Konvergenz nur am Rand" geschlossen, was auf den ersten Blick auch nahe liegt, aber nicht richtig ist. Es wäre ja schon sonderbar, wenn sich wirklich in allen Punkten ein unendlicher Grenzwert ergäbe, nur an den Randpunkten nicht. Wie sollte dieser Übergang vom Randpunkt zu seinen Nachbarpunkten, der ja sicher ein

---

[3] Der Grad von s im Zähler ist 3 und im Nenner nur 2.

stetiger sein wird, von statten gehen? Der Grenzwert der Höhe kann ja nicht plötzlich „von 1 ins Unendliche" springen!

Hier hilft die zweite, additive, Sichtweise weiter, die besagt: Bei jedem Punkt, der ein endliches (festes) t entfernt vom Rand liegt, ergibt sich ein endlicher Grenzwert bei der Höhe. Und dies ist auch kein Widerspruch zur multiplikativen Sichtweise mit den Anteilen, da die Länge von s·t auch für jedes noch so kleine positive t mit $s \to \infty$ selbst gegen ∞ geht. Insofern liefern also diese beiden Methoden gar keine widersprüchlichen Aussagen, sondern ergänzen einander zu den beiden Folgerungen:

- Bei konstantem Abstand vom Rand konvergiert die Höhe zu einem endlichen Wert.

- Bei einem Abstand vom Rand, der seinerseits nach ∞ geht, geht auch die Höhe nach ∞; dies haben wir zwar in dieser allgemeinen Form noch nicht gezeigt (wir haben „nur" gezeigt: bei zur Streckenlänge proportionalem Abstand zum Rand geht die Höhe nach ∞), aber diese Vermutung liegt hier natürlich sehr nahe, denn so gibt es auch keine Stetigkeitsprobleme, so dass sich ein Wert „plötzlich vom Endlichen ins Unendliche" (oder umgekehrt) ändern müsste. Eine zugehörige Begründung kann relativ leicht im Kontext des nächsten Abschnittes erfolgen.

Statt der Entfernung zu den Rändern könnte natürlich auch die Entfernung zum Mittelpunkt ins Zentrum gerückt werden (analog als Anteil oder als feste Strecke). Dies führt zu analogen Erkenntnissen und soll hier nur verdeutlichen, dass es noch andere Bearbeitungsmöglichkeiten bei diesem Thema gibt. Dies ist insbesondere dann positiv hervorzuheben, wenn Schülerinnen und Schüler auch selbständig arbeiten sollen.

5. Zusammenhang mit Ellipsen (1. Hauptlage)

Die oben beschriebene Situation von zwei festen Punkten (Enden der Strecke) und ein zu spannendes lockeres Seil erinnert einen natürlich sofort an die bekannte Gärtnerkonstruktion einer Ellipse (vgl. Abb. 12).

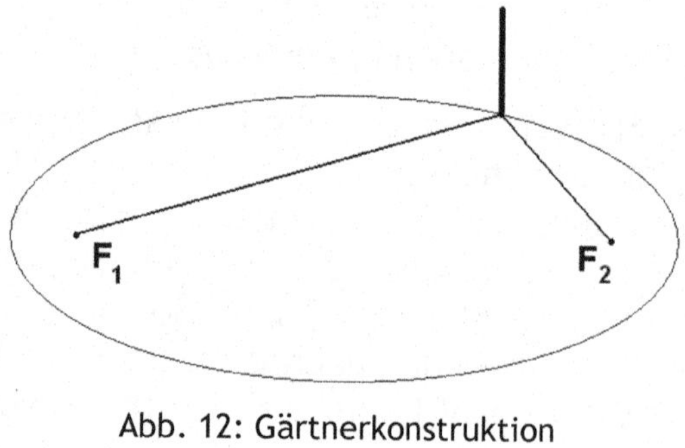

Und in der Tat kann man auch in dieser Sichtweise die fraglichen Phänomene betrachten. Diese Sicht ist für Schülerinnen und Schülern natürlich nur dann verständlich, wenn sie schon die Gleichung $\frac{x^2}{a^2} + \frac{y^2}{b^2} = 1$ einer Ellipse (in erster Hauptlage) kennen.

Abb. 12: Gärtnerkonstruktion

Bei unserem Problem ist die Seillänge immer um 1 m größer als $s = |F_1F_2| = 2e$ und somit $a = e + \frac{1}{2}$ und $b = \sqrt{a^2 - e^2} = \sqrt{e + \frac{1}{4}}$. Hier bezeichnet e die so genannte lineare Exzentrizität, d. h. den Abstand der Brennpunkte vom Koordinatenursprung. Die Variable a ist die halbe Breite und b die halbe Höhe der Ellipse. Die zugehörigen Scheitel auf der Hauptachse liegen bei unserem Problem also immer genau ½ m außerhalb der Brennpunkte (i.e. Endpunkte der Strecke am Boden). Statt $\lim\limits_{s\to\infty}$ betrachten wir hier für die Höhen bzw. y-Werte nun $\lim\limits_{e\to\infty}$.

Für die Frage nach der Höhe, wenn man das Seil in der Mitte abhebt, braucht man in dieser Sichtweise den y-Wert für $x = 0$, also die halbe Nebenachse $b(e) = \sqrt{e + \dfrac{1}{4}}$ und sieht, dass b mit $e \to \infty$ streng monoton wachsend gegen ∞ geht.

Für die Frage nach der Höhe beim Hochziehen am Rand ist in dieser Sichtweise eigentlich der y-Wert für $x = e$ gesucht. Die Ellipsengleichung können wir umformen zu $y^2 = \dfrac{b^2}{a^2}\left(a^2 - x^2\right)$ und a, b und x durch die angegebenen Terme in e ersetzen:

$$y = \sqrt{\frac{e + \dfrac{1}{4}}{\left(e + \dfrac{1}{2}\right)^2} \cdot \left(e + \dfrac{1}{4}\right)} = \frac{e + \dfrac{1}{4}}{e + \dfrac{1}{2}} \xrightarrow{\;e\to\infty\;} 1.$$

Hieraus ist wieder abzulesen, dass die Höhe an den Rändern gegen 1 konvergiert.

5.1. Der multiplikative Ansatz bei anderen Punkten in dieser Sichtweise

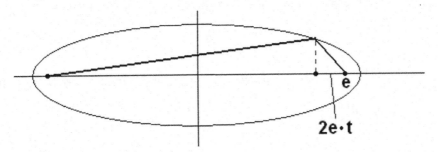

Abb. 13: Ellipse – multiplikativer Ansatz

Wegen $s = 2e$ brauchen wir hier den y-Wert bei $x = e - 2e \cdot t = e(1 - 2t)$ mit $0 \le t \le 1$: Es gilt

$$y^2 = \frac{e + \dfrac{1}{4}}{\left(e + \dfrac{1}{2}\right)^2} \cdot \underbrace{\left(\left(e + \dfrac{1}{2}\right)^2 - e^2(1 - 2t)^2\right)}_{e + \frac{1}{4} + 4e^2 t \cdot (1-t)} = \frac{\left(e + \dfrac{1}{4}\right)^2}{\left(e + \dfrac{1}{2}\right)^2} + \frac{4e^2\left(e + \dfrac{1}{4}\right)}{\left(e + \dfrac{1}{2}\right)^2} \cdot t(1 - t).$$

Hier sieht man wieder (ohne eine komplizierte Wurzelgleichung lösen zu müssen), dass Konvergenz $\lim\limits_{e\to\infty} y$ genau für $t = 0$ und $t = 1$ eintritt (mit Grenzwert 1 in diesen Fällen).

5.2. Der additive Ansatz in dieser Sichtweise

Wir brauchen hier den y-Wert bei $x = e - t$ ($0 \leq t \leq 2e$):

$$y^2 = \frac{e + \frac{1}{4}}{\left(e + \frac{1}{2}\right)^2} \cdot \underbrace{\left(\left(e + \frac{1}{2}\right)^2 - (e - t)^2\right)}_{e + \frac{1}{4} + t \cdot (2e - t)} = \frac{\left(e + \frac{1}{4}\right)^2}{\left(e + \frac{1}{2}\right)^2} + \frac{\left(e + \frac{1}{4}\right)(2e - t)}{\left(e + \frac{1}{2}\right)^2} \cdot t,$$

woraus analog zu oben (ohne komplizierte Wurzelgleichung) folgt: $\lim\limits_{e \to \infty} y = \sqrt{1 + 2t}$.

In dieser Sichtweise mit Ellipsen lässt sich auch leicht begründen, was oben noch eine Lücke war, wir aber auch dort schon vermuten konnten: Bei jedem Abstand vom Rand, der seinerseits nach ∞ geht, geht auch die Höhe nach ∞.

Dafür haben wir zu zeigen: $y \to \infty \Leftrightarrow e - x \to \infty$. Die Richtung „$\Rightarrow$" haben wir oben schon indirekt bewiesen ($e - x \to$ endlich $\Rightarrow$ $y \to$ endlich), es fehlt noch die Richtung „$\Leftarrow$".

Dazu betrachten wir wieder den y-Wert bei x:

$$y^2 = \frac{b^2}{a^2}(a + x)(a - x) = \frac{e + \frac{1}{4}}{\left(e + \frac{1}{2}\right)^2}\left(e + \frac{1}{2} + x\right)\left(e + \frac{1}{2} - x\right).$$

Natürlich gilt $e + \frac{1}{2} - x \to \infty \Leftrightarrow e - x \to \infty$, so dass wir nur noch zeigen müssen, dass für $e - x \to \infty$ gilt

$$\lim_{e \to \infty} \frac{e + \frac{1}{4}}{\left(e + \frac{1}{2}\right)^2}\left(e + \frac{1}{2} + x\right) > 0.$$

Dann kann nämlich das Wachsen von y nach ∞, bedingt durch das Wachsen von $e + \frac{1}{2} - x$ nach ∞, nicht mehr durch den Term $\frac{e + \frac{1}{4}}{\left(e + \frac{1}{2}\right)^2}\left(e + \frac{1}{2} + x\right)$ verhindert wer-

den. Die Positivität dieses Grenzwertes ist für positive x aber leicht zu zeigen (negative Werte von x brauchen hier nicht beachtet zu werden), denn

$$\frac{e + \frac{1}{4}}{\left(e + \frac{1}{2}\right)^2}\left(e + \frac{1}{2} + x\right) = \underbrace{\frac{e + \frac{1}{4}}{e + \frac{1}{2}}}_{\to 1 \text{ für } e \to \infty} + \underbrace{\frac{e + \frac{1}{4}}{\left(e + \frac{1}{2}\right)^2} \cdot x}_{> 0}.$$

Ein allgemeiner Längenunterschied v zwischen Schnur- und Streckenlänge (statt 1 m) würde die Betrachtungen zwar nicht komplizierter machen, sie bringen aber nichts wesentlich Neues mehr.

6. Andere Seilaufgaben

In der didaktischen Literatur gibt es einige klassische Seilaufgaben. Die berühmteste unter ihnen ist wohl folgende (vgl. Abb. 14):

Ein Seil liege gespannt um den Äquator, wird dann um 1 m verlängert und gleichmäßig abgehoben. Kann dann eine Maus unten durchkriechen?

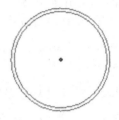

Alleine die Formulierung, ob eine Maus unten durchkriechen kann, führt in einer gewissen Weise in eine falsche Richtung.

Abb. 14: Seil um die Erde

Dadurch denkt man ja an sehr kleine Werte, und die meisten Personen (auch Schülerinnen und Schüler), die über diese Aufgabe zum ersten Mal nachdenken, sind geneigt, sehr kleine Werte zu nennen, Schätzungen sind i. A. viel zu niedrig. Es ergeben sich nämlich ca. 16 cm als Abhebedistanz.

Folgende oder ähnliche Gedanken sind vermutlich Ursache für die falsche Vorstellung:

- 1 m ist im Vergleich zum Erdumfang „fast nichts", daher wird die Abhebung auch „fast nichts" ausmachen!

- Dieser Gedanke bedeutet mathematisch $\frac{\Delta u}{u} \approx 0 \Rightarrow \Delta r \approx 0$ (was natürlich eine Fehlvorstellung ist).

Es wird hierbei ein „relatives fast nichts" umgedeutet zu einem „absoluten fast nichts". Es ist für die meisten sehr erstaunlich, dass die Abhebung Δr (bei $\Delta u = 1$) gar nicht von u bzw. r abhängt, d. h. bei einer 1 €-Münze, bei der Erde und bei der Sonne kämen dieselben 16 cm heraus, jedes Δu hat sein festes Δr :

$$u = 2\pi \cdot r \Rightarrow \Delta u = 2\pi \cdot \Delta r \Rightarrow \Delta r = \frac{\Delta u}{2\pi}.$$

Führt man sich den Graphen der zugehörigen linearen Funktion vor Augen (vgl. Abb. 15), so ist dies vielleicht klarer als nur durch die Formel, dass man das zugehörige Steigungsdreieck irgendwo ansetzen kann, dass also bei festem Δu das Δr ganz unabhängig von r bzw. u ist.

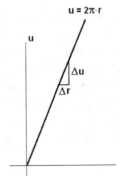

Abb. 15: Graph einer linearen Funktion

Trotz dieser Erklärung des Phänomens kann eventuell ein leichtes Unbehagen zurückbleiben. Da kann vielleicht folgende Plausibilitätserklärung für unser Phänomen helfen, so dass man sieht, warum es so ist (Quadrate statt Kreis, vgl. Abb. 16).

Die Differenz zweier konzentrischer Quadratumfänge (Δu) hängt nicht von ihren Seitenlängen (r, u), sondern nur von ihrem gegenseitigen Abstand (Δr) ab: Die Umfangsdifferenz ist achtmal der Abstand der beiden Quadrate.

Abb. 16: Quadrate

Man könnte weiter fragen: Wie sieht es aus, wenn die Quadrate durch regelmäßige 6-Ecke ersetzt werden?

Andere Formulierungen („Einkleidungen"):

- Stellen Sie sich vor, Sie sind einmal entlang des Äquators rund um die Erde gegangen. Wie viele Meter hat Ihr Kopf mehr zurückgelegt als Ihre Füße? (Antwort: ca. 10 m) Hier liegen die Schätzungen i. A. deutlich zu hoch.

- Stellen Sie sich vor, um die Erdkugel entlang des Äquators ist ein Stahlband fest anliegend gespannt. Wie viele Meter würde sich das Stahlband bei Abkühlung um 1°C „in die Erde graben"? (Das Band reiße und dehne sich mechanisch NICHT!) Antwort: Mehr als 70 m, hier liegen die Schätzungen i. A. deutlich zu niedrig.

Eine ebenfalls ziemlich bekannte Seilaufgabe ist die folgende (vgl. Abb. 17):

Ein Seil liege gespannt um den Äquator, wird dann um 1 m verlängert und an einem Punkt so weit wie möglich abgehoben. Kann dann eine Person unten durchgehen?

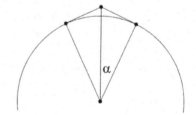

In Abb. 17 ist schon der entscheidende Winkel α eingezeichnet. Die Lösung ist jetzt wesentlich komplizierter.

Abb. 17: Abheben an einem Punkt

Man erhält eine nicht geschlossen lösbare Gleichung in α. Mit einem CAS ergibt sich schließlich für die Hebedistanz der auch für viele sehr überraschende Wert von ca. 121 m!

Abschließend betrachten wir eine neue Aufgabe[4] (vgl. Abb. 18):

Ein Seil liege gespannt um den Äquator und wird dann um 1 m verkürzt. Es wird wieder stramm um die Erde gelegt, und zwar „parallel" zum Äquator, d. h. es liegt dann wie ein Breitenkreis um die Erde. In welchem Abstand vom Äquator wird dieser Kreis ca. sein?

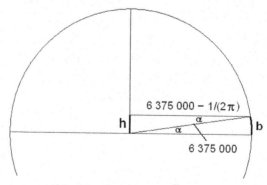

Abb. 18: Abstand zum Äquator

---

[4] Diese Aufgabe verdanken wir Sabrina Heiderich, TU Dortmund.

Das Ergebnis ist $h \approx 1400\,\text{m}$, hier liegen die Schätzungen meistens deutlich zu niedrig!

Dies hat wieder mit dem Phänomen zu tun, das schon oben beschrieben wurde: Hypotenuse und längere Kathete sind fast gleich lang; sie unterscheiden sich nur um $\dfrac{1}{2\pi}\,\text{m}$, trotzdem ist die kürzere Kathete relativ lang.

Man kann hier mit Winkelfunktionen statt mit h auch leicht die zugehörige gekrümmte Bogenlänge b ausrechnen (sie unterscheidet sich kaum von h), es gilt:

$$b = \underbrace{6375000}_{R} \cdot \underbrace{\arccos\left(\frac{6375000 - \frac{1}{2\pi}}{6375000}\right)}_{\alpha}.$$

Literatur

Büchter, A./ Henn, H.-W. (2009), Der Mathekoffer. Mathematik entdecken mit Materialien und Ideen für die Sekundarstufe I. 3. Auflage. Selze: Friedrich-Verlag.

Humenberger, H. (2008): CAS-Einsatz und Näherungsrechnungen bei Aufwölbungsformen von Brücken - 7 verschiedene Modelle. In: Eichler, A. / Förster, F. (Hrsg., 2008): Materialien für einen realitätsbezogenen Mathematikunterricht, ISTRON-Schriftenreihe, Band 12, 149 - 159, Franzbecker, Hildesheim.

Henn, H.-W./ Müller, J.H. (2010): Under the string. In: Henn, H.W./ Meier, S. (Eds.): Third annual publication of the Comenius Network DQME II. Dortmund: Technische Universität Dortmund

Anschriften der Autoren:
Prof. Dr. Hans-Wolfgang Henn
IEEM, Fakultät für Mathematik, TU Dortmund, D - 44221 Dortmund
E-Mail: wolfgang.henn@tu-dortmund.de

Prof. Dr. Hans Humenberger
Universität Wien, Fakultät für Mathematik, Nordbergstraße 15 (UZA 4), A - 1090 Wien.
E-Mail: hans.humenberger@univie.ac.at

Jan Hendrik Müller
Rivius Gymnasium Attendorn und TU Dortmund
E-Mail: jan.mueller@math.uni-dortmund.de

Modellieren: Szenen aus dem Unterricht

Henning KÖRNER, Oldenburg

*„Da die exponentielle Regression am besten zu den Daten passt,
muss es auch ein exponentielles Wachstum sein." (Tom, Klasse 10)*

Abstract: Es werden Schülerbearbeitungen von Aufgaben mit Modellierungen analysiert. Zentrales Anliegen ist es, zu zeigen, wie konkretes Schülerhandeln fast zwangsläufig zu produktivem Erzeugen von Modellierungskompetenzen führen kann, wenn es Lehrkräften gelingt, diese entsprechend synthetisierend aufzunehmen und auszubauen. Es werden skizzenhaft grundlegende, notwendige Erfahrungen herausgearbeitet und benannt.

1. Einleitung

Modellieren als prozessorientierte Kompetenz ist in aller Munde und gehört zum unhintergehbaren Bestand aller Curricula. Häufig hört man allerdings einerseits, dass dies zu schwer sei für Schüler bzw. die notwendige Mathematik zu komplex, anderseits wird angemerkt, dass man das doch schon immer gemacht hat. Im ersten Fall muss deutlich gemacht werden, dass auch mit elementaren Inhalten Modellierungskompetenzen erzeugt werden können und dass es mehr um eine Einstellung und Haltung zu Mathematik und Welt geht als um einen mathematischen Inhalt, im zweiten Fall muss der Unterschied zwischen faktisch meist vorliegenden Einkleidungen und Anwendungen im Gegensatz zu Modellierungen verdeutlicht werden. Natürlich ist eine solche Kompetenz nicht auf einmal da, sondern muss, wie alle Kompetenzen, schrittweise entlang geeigneter Probleme und Aufgaben erzeugt werden. Was aber machen Schüler konkret mit solchen Modellierungsaufgaben? Welche Grundvorstellungen zu Mathematik und Welt haben sie in Klasse 7, welche sollen sie am Ende der Sek 1 bzw. Sek 2 haben? Welche Konsequenzen haben spezifische Aufgabenformate für die Unterrichtsgestaltung durch die Lehrkräfte?

Dieser Aufsatz verfolgt zwei Ziele. In einem diagnostischen Zugriff werden zunächst anhand konkreter Schülerbearbeitungen von Modellierungsaufgaben Zugangs- und Denkweisen analysiert, um daraus Konsequenzen für die Unterrichtsgestaltung zu erörtern. Dabei zeigt sich, dass in Schülerköpfen keine ‚tabula rasa' bezüglich des Modellierens ist, sondern immer schon Vorstellungen und Fehlvorstellungen dazu vorhanden sind, die durch Lehrkräfte nutzbar gemacht werden müssen. Die Analysen münden dann in Skizzen zu einer curricularen, spiralförmigen Thematisierung von Modellierungsaspekten im Unterricht der Sek 1 und Sek 2, indem eine Sequenz von zentralen Erfahrungen benannt wird, die einem spiralförmigen Aufbau einer Modellierungskompetenz zugrunde liegen können. Während nämlich die innermathematische Systematik einen spiralförmig curricularen Aufbau nahelegt (von einfachen zu komplexen Termen, von den linearen Funktionen über die quadratischen zu den transzendenten, von Kongruenz zu Ähnlichkeit), gibt es zu einer analogen Behandlung des Modellierens bisher nur wenig Konkretes. Kompetenzorientiert formuliert: Gibt es Kompetenzstufen des Modellierens, und wenn ja, wie sehen diese aus?

2. Befunde

<u>Szene 1:</u>

Aufgabe: Wie groß ist die Segelfläche?

Anmerkung: In der Mitte auf dem Schiff ist ein Mensch zu sehen, der als Orientierung bezüglich der Größenordnungen dienen soll.

Fast die Hälfte der Klasse beantwortet die Frage mit Sätzen wie „Da fehlen Angaben", „Das kann man nicht beantworten", „Man kann da nicht rechnen". Entsprechend dieser Äußerungen werden von diesen Schülerinnen und Schülern auch keine Mathematisierungen vorgenommen.[1]

<u>Szene 2:</u>

10 *Wachsen einer Ameisenkolonie*

Ein Biologe überlegt, wie eine Ameisenkolonie wachsen könnte. Er stellt zwei verschiedene Modellrechnungen an:

A

Zeit (Monate)	Anzahl
0	100
1	200
2	300
3	400

B

Zeit (Monate)	Anzahl
0	100
1	200
2	400
3	800

a) Setze die beiden Modellrechnungen für die nächsten drei Monate fort.

b) Beschreibe in Worten den Zuwachs in jedem Monat gemäß dem Modell A und dem Modell B.

c) Welches Modell könnte die Entwicklung einer Ameisenkolonie besser beschreiben? Diskutiert diese Frage in eurer Klasse. Vielleicht findet ihr ein Modell, das noch besser passt.

Quelle: Neue Wege 6 Niedersachsen, S. 177

Anmerkung: Alle Gruppen setzen die Tabellen richtig fort.[2]

Schülerbericht W:

> b) *Bei A: Pro Monat 100 Ameisen mehr.*
>
> *Bei B: Bei jedem Monat verdoppelt sich die Anzahl.*
>
> c) *Das Modell B könnte die Entwicklung einer Ameisenkolonie besser darstellen. Erklärung: Die Ameisenkönigin legt mehr Eier als wir Menschen Kinder bekommen. Außerdem habe ich selbst einmal einen Ameisenhaufen beobachtet, unter anderem auch, wie stark sie sich vermehrt haben und dafür wären 100 Ameisen mehr pro Monat zu wenig.*

---

[1] Die Aufgabe war Grundlage der Arbeit [3].

[2] Die Schülerprotokolle sind aus eigenem Unterricht (Y,Z) und Unterricht einer Kollegin.

Schülerbericht X:

> b) A: Die Anzahl der Ameisen steigt jeden Monat um 100 an.
>
> B: Die Anzahl der Ameisen steigt jeden Monat um das Doppelte an.
>
> c) Beispiel: Ein Ameisenhaufen ist groß und kann riesig werden.
>
> Eine Ameise: 5 mm³, der Ameisenhaufen: 50 cm³; 1000 mm³=1 cm³
>
> 10000 Ameisen würden in den Ameisenbau passen. Da es im Ameisenbau aber auch Gänge gibt, ziehen wir noch einmal 5000 Ameisen ab. Es sind also noch 5000 Ameisen im Bau. Uns erscheint deswegen die Tabelle B wahrscheinlicher.

Schülerbericht Y:

> In der Mathestunde am Dienstag haben wir in Gruppenarbeit eine Aufgabe über das Wachsen einer Ameisenkolonie berechnet.
>
> Uns wurden zwei Modelle vorgegeben, bei Modell A wuchs die Ameisenpopulation monatlich um 100 Ameisen, bei Modell b verdoppelte sich die Anzahl monatlich.
>
> Zuerst sollten wir die Modellrechnungen fortführen, dann diese beschreiben und als letztes mit unserer Gruppe darüber diskutieren , welches Modell besser auf eine Ameisenkolonie zutrifft oder ein anderes, besser passendes Modell finden. Wir sind zu dem Entschluss gekommen, dass das Modell A zwar realistischer, aber noch nicht ganz zutreffend ist, weil wir der Meinung sind, dass die Königin in einem Monat mehr als einhundert Eier legt.

Schülerbericht Z:

> A: Bei diesem Modell kommen 100 Ameisen pro Monat hinzu!
>
> B: Bei diesem Modell kommt pro Monat die doppelte Menge Ameisen hinzu als im vorigem Monat.
>
> c) Modell „A" passt am besten, da nur die Königin Eier legt. Sie legt jeden Monat ungefähr die gleiche Menge Eier. Tabelle „B" würde passen, wenn jede Ameise, also auch eine normale, Eier legen würde.
>
> Trotzdem ist es unrealistisch, denn eine Ameisen Königin legt eigentlich um die 1000 Eier! Und außerdem legt sie nicht jeden Monat genau 100 Eier.

<u>Szene 3:</u>

Aufgabe:[3]

Die Grafik zeigt für 13 Schülerinnen und Schüler jeweils die Zeit (in Stunden), die mit dem Computer und vor dem Fernsehgerät pro Woche verbracht wird.

Philip und Mathias beschreiben den Zusammenhang zwischen Computerzeit und Fernsehzeit mit unterschiedlichen Geraden.

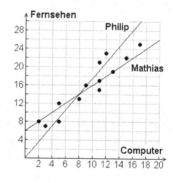

---

[3] Die Aufgabe kommt vom Autor, die Schülerbemerkungen aus einer Besuchsstunde bei einem Referendar.

Anne: *Die Geraden passen beide nicht, weil die ja irgendwann ins Unendliche gehen und am Tag gibt es aber nur 24 Stunden.*

Bernd: *In Mathe geht's nicht darum, ob etwas realistisch ist.*

Clara: *In Mathe gibt's aber immer ein reales Ergebnis, nicht irgendwas.*

Dennis: *Was bringt das aber, wenn das in Mathe nicht realistisch ist.*

Anne: *Es ist eben kein normales Diagramm, sondern ein Fernsehen-Computer-Diagramm, und das geht hier nicht.*

Die drei Szenen entstammen alle aus siebten Klassen. Sie zeigen in beeindruckender Weise, welch unterschiedliche Vorstellungen, Ansichten, aber auch Fähigkeiten und Fertigkeiten bei Schülern dieser Klassenstufe bezüglich des Modellierens vorliegen. So gibt es einerseits größere Teilgruppen, für die Mathematik zwingend mit eindeutigen Rechnungen aus eindeutigen Voraussetzungen verbunden ist (Szene 1), während anderseits bei einigen auf lokaler Ebene auch schon sehr differenzierte Überlegungen im Spannungsfeld von Mathematik und Realität angestellt werden (Szene 2). Szene 3 zeigt, dass Schüler auch auf einer globalen Ebene durchaus in dieser Klassenstufe schon dezidierte Vorstellungen und Bilder von Mathematik und Realität besitzen und formulieren. Wie muss nun Unterricht aussehen, der basale Modellierungskompetenzen und zugehörige Grundvorstellungen erzeugt (Szene 1) bzw. die Vielfalt geäußerter Vorstellungen und Antworten produktiv in das weitere unterrichtliche Handeln integriert (Szene 2)? Was muss eine Lehrkraft über Modellieren und das Beziehungsgefüge von Welt und Mathematik wissen, um die Diskussion aus Szene 3 für alle Beteiligten fruchtbar zu machen? Zunächst müssen die Schülerbeiträge natürlich hinsichtlich ihres Potenzials erfasst werden (Diagnose), wobei hier von vorn herein klar ist, dass es durchweg weniger um richtig oder falsch, sondern mehr um „passend" und „weniger passend" geht, also Adäquatheit statt Richtigkeit. Dies unterscheidet Unterricht im Modellieren im Erstzugriff augenscheinlich vom Unterrichten innermathematischer Inhalte. Abschnitt 3 befasst sich an ausgewählten konkreten Beispielen aus dem Unterricht mit diesem Aspekt. Auf der Basis dieser Analysen und normativer Setzungen zum Modellbildungsprozess werden am Ende der Beispiele immer grundlegende zugehörige Erfahrungen benannt, die skizzenhaft Stufen einer Modellierungskompetenz darstellen sollen, wobei auch hier von vorn herein klar ist, dass solche Stufen nicht disjunkt und auch nicht hierarchisch im Sinne von „Stufe 1 als Voraussetzung von Stufe 2" sein können.

3. Analysen von Unterricht

3.1 Die Segelfläche (Szene 1)

Hier soll nur Bezug genommen werden zu der Tatsache, dass fast die Hälfte der Lerngruppe diese Aufgabe gar nicht als vollständige Aufgabe für den Mathematikunterricht wahrgenommen und akzeptiert hat.[4] Dies zeigt, wie wichtig es ist, dass Schüler frühzeitig erfahren, dass der Bezug zur Welt nur zu ‚unvollständigen' Aufgaben führen kann, deren Folge dann die Fundamentalerfahrung ist, dass z.B. Max und Lisa unterschiedliche Ergebnisse haben und beide trotzdem die Aufgabe ‚vollständig' richtig bearbeitet haben. Normativ formuliert sollte diese Erfahrung in

---

[4] Genauere Analysen der Schülerberabeitungen findet man in [3].

Klasse 7 vorliegen als erste Stufe einer Modellierungskompetenz. Aber das Umge-
kehrte gilt auch: Wenn Schüler auf die Frage, wie viele Zahnstocher man aus einem
Baumstamm herstellen kann, mit „200 Zahnstocher" antworten, dann kann dies
durchaus ein Ergebnis korrekter Berechnungen sein, aber aufgrund von Modellie-
rungsfehlern vollständig inadäquat und damit falsch.

Erfahrung 1: In Modellierungssituationen kann es einerseits viele richtige Ergebnisse
geben, anderseits können richtige Ergebnisse falsch sein.

3.2 Wachsen einer Ameisenkolonie (Szene 2)

W: Abgesehen von dem mysteriösen ersten Satz zu c) ist der Rückgriff auf Alltagserfahrungen („*habe ich selbst einmal einen Ameisenhaufen beobachtet*") eine typische problematische Modellierungstätigkeit. Wenn diese dann noch extrapoliert
wird („*wie stark sie sich vermehrt haben*") und darüberhinaus sehr grob quantifiziert wird, so dass die Entscheidung für ein Modell davon abhängig gemacht wird,
dann ist dies zwar menschlich, aber im Sinne rationaler Entscheidungsfindungen im
Zusammenhang mit Modellierungen wenig fruchtbar. Positiv hervorzuheben ist allerdings, dass hier die Realität direkt in den Blick genommen wird.

X: Ganz anders als W mathematisiert diese Gruppe sofort. Sie berechnet Näherungswerte über angenommene Volumina von Ameisen und Ameisenhaufen. Die innermathematischen Umrechnungen gelingen vollständig und zeigen sicheren Umgang mit Größen. Die angenommenen Größen werden allerdings ohne Reflexion gesetzt. So sind 50 cm^3 für einen Ameisenhaufen natürlich viel zu wenig, die Halbie-
rung durch die Gänge wohl ebenso. Interessant ist, dass die Größenordnung des Ergebnisses dazu führt, dass die Gruppe Modell B wählt, obwohl ja leicht ersichtlich
beide Modelle irgendwann zu 5000 Tieren führen. Hier liegen also reduktive Mathematisierungen mit teilweise allerdings inadäquaten Setzungen vor. Die Ergebnisse sind bezüglich der Annahmen konsistent, werden aber in keiner Weise validiert.

Schon bei einem Vergleich dieser beiden Berichte in einem Unterrichtsgespräch
können sehr gut Mathematisierungsprinzipien, Probleme willkürlicher Setzungen,
aber auch die Abhängigkeit von vorgängigen Setzungen, herausgearbeitet werden,
ebenso natürlich die Notwendigkeit, die Ergebnisse an der Realität zu überprüfen.
Unabhängig von Modellierungsaspekten ist ein Vergleich der beiden Beschreibungen
des Änderungsverhaltens bei Modell B innermathematisch interessant. Hier zeigt
sich, dass Schüler dieser Klassenstufe Prinzipien exponentiellen Wachstum durchaus
auf unterschiedliche Weise erfassen können (Verdopplung gleichzeitig als „Änderung" und „Änderung der Änderung").

Y: Hier fällt zunächst auf, dass ein großer Teil des Berichts eigentlich nur die Aufgabenstellung paraphrasiert, ehe dann am Schluss recht abrupt ein abwägendes
Urteil gefällt wird. Implizit scheint die Gruppe davon auszugehen, dass der Zuwachs konstant ist, aber größer als 100, es findet keine Mathematisierung statt.

Z: Die Entscheidung dieser Gruppe fußt auf einer Betrachtung der Realsituation
(„*da nur die Königin Eier legt*"), die qualitativ richtig mathematisiert wird, die
Gruppe erfasst den ‚Wirkzusammenhang' des Wachstums der Ameisenpopulation
und ordnet diesem das passende mathematische Modell zu. Darüberhinaus merkt
sie noch an, unter welcher Bedingung Modell B adäquat wäre. In einem zweiten
Schritt wird, allerdings durch Setzung, der Anfangswert korrigiert, ehe in einer weiteren Bemerkung die Genauigkeit der Tabellenwerte relativiert wird.

Die Gediegenheit von Z ist augenscheinlich. Hier werden alle Kriterien gelungener Modellierung erfüllt (Realitätsbezug, Validierung, Reduktivität). Es sind deutliche Qualitätsunterschiede zu Y erkennbar, die sich dann natürlich auch in Bewertungen widerspiegeln, falls diese gewünscht oder notwendig sind.

In den vier Berichten treten vielfältige Modellierungsaktivitäten der Schüler auf, die jeweils unterschiedliche Aspekte in unterschiedlicher Tiefe in den Blick nehmen. Wenn es dann noch unterschiedliche Voten gibt (W,X für Modell B, Y, Z für A), dann sind produktive Unterrichtsgespräche, in denen die verschiedenen Phasen und Eigenschaften des Modellbildungsprozesses angesprochen und festgehalten werden, vorprogrammiert. Es sind damit keine großen Unterrichtsprojekte notwendig, um produktives Modellieren und dessen Thematisierung im Unterricht zu initiieren, es reichen einzelne, allerdings entsprechend offen formulierte und Anlass für Reflexionen gebende Aufgaben aus. Methodisch von zentraler Bedeutung ist dann einerseits, dass die Schüler genügend Zeit und Raum für die Exploration eigener Vorstellungen und Antworten bekommen, die sie dann in Berichten und Präsentationen der Klasse mitteilen. Anderseits erzwingen die unterschiedlichen Beiträge eine Reflexion im Plenum, für die wohl ein Unterrichtsgespräch mit gegenseitigem Austausch, Rechtfertigungen und Modifikationen von Meinungen die geeignete Methode ist. Hier muss die Lehrkraft dann sicher auch zielführend steuern und nicht nur begleitend moderieren, damit es zu einem entsprechenden Aufbau von Modellierungskompetenzen kommt. Dies muss natürlich so geschehen, dass die Schülerbeiträge immer Ausgangspunkte für Sicherungen und Dokumentationen des Modellierens sind. Ein so gestalteter Unterricht macht Modellieren zur Sache der Schüler und nicht zu einem von außen an die Lerngruppe herangetragenen Inhalt.

3.3 Wassererwärmung

Problem: [5]

Wie lange benötigt ein Wasserkocher, um Wasser von Zimmertemperatur auf 75 °C zu erwärmen? Leider steht nur ein Thermometer zur Verfügung, das bis 50 °C messen kann.

Im Unterrichtsgespräch planen die Schüler ein Experiment. Sie beschließen, dass sie immer dann die Zeit ablesen wollen, wenn die Temperatur um 5 °C gestiegen ist, sie geben also die Schrittweite der Temperaturen vor und nicht die Zeitpunkte der Messungen, wie es gewöhnlich geschieht.

Es ergibt sich folgende Messreihe:

t in s	0	24	43	61	77	98	119
T in °C	21	25	30	35	40	45	50

In Gruppenarbeit soll nun das Problem gelöst werden. Die Schüler kennen lineare Funktionen aus Anwendungen (Tarifaufgaben etc.) und innermathematischen Zusammenhängen, können Steigungen und Änderungsraten bestimmen und lineare Gleichungen lösen, modellieren aber das erste Mal einen Datensatz. Hier einige Arbeiten:

---

[5] Das Problem ist in einer Besuchsstunde von einem Referendar behandelt worden.

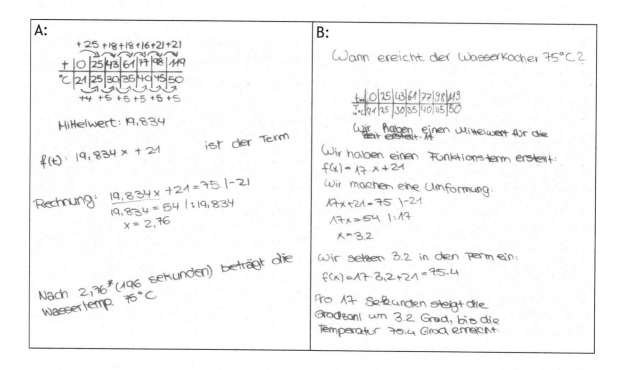

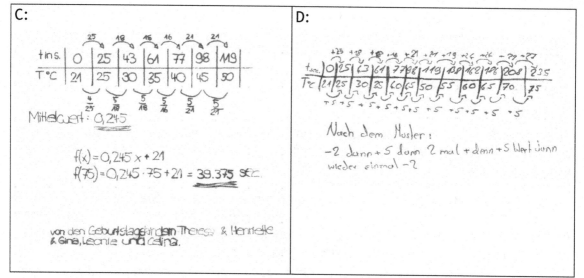

Alle Gruppen benutzen Geraden, es gibt aber nicht zwei gleiche Ergebnisse. Dass hier nur Geraden im Blick sind, ist auf dieser Stufe verständlich, weil den Schülern nur lineare Funktionen zur Verfügung stehen, weil die Darstellung der Daten dies nahelegt und weil es die Erstbegegnung mit einem solchen Fragentyp ist.

In allen Versionen treten Fehler auf, die aber alle hochproduktiv für die Anbahnung und Erzeugung von Sensibilität bezüglich der Modellierungstätigkeiten sind. In ihnen äußern sich Argumentationstypen, wie sie auch in professionelleren Zusammenhängen auftreten.

A, B und C erfassen, dass keine lineare Funktion genau passt und benutzen dann naheliegenderweise Mittelwerte. In A und B tritt dabei derselbe Fehler in unterschiedlicher Ausformung auf, es werden die absoluten Änderungen der Zeit betrachtet statt der relativen Änderungen von Temperatur zu Zeitraum. Die Dokumentationen zeigen, dass keine Gruppe über eine Betrachtung von Einheiten ihren

Ansatz und ihre Lösung kontrolliert. Die unterschiedlichen Mittelwerte sind Folge der Auslassung von „0" in A, vermutlich Folge der typischen Fehlvorstellung „Wo nichts ist, braucht es auch nicht mitgezählt zu werden." Die Funktionsgleichungen werden dann in beiden Gruppen folgerichtig aufgestellt und auch die zu lösende Gleichung richtig aufgestellt und gelöst. Deutlich zeigt sich hier eine Sicherheit im innermathematischen Bereich. Der Ansatzfehler führt allerdings zu kontextbezogen unsinnigen Ergebnissen, und hier wird es jetzt spannend. Beide Gruppen spüren wohl, dass ihr Ergebnis nicht passt, ziehen aber nicht den eigentlich naheliegenden Schluss, dass dann wohl ein Ansatz- oder Rechenfehler vorliegen muss, sondern versuchen, ihre Lösung so hinzubiegen, dass eine erfolgreiche Validierung stattfindet. Sie sind sich der Notwendigkeit des Rückbezuges zur Realität wohl bewusst, statt Fehlersuche wählen sie aber spezifische kreative Rettungsversuche. Dies ist menschlich, allzu menschlich, verletzt aber Rationalitätskriterien für das Modellieren. A interpretiert die 2,76 einfach um als Minuten und schon passt es ganz gut zur impliziten Erwartung (abgesehen davon, dass 0,76 Minuten nicht 76 Sekunden sind), B macht zunächst eine innermathematische Probe, die aber gar nicht als solche genannt wird, wundert sich nicht über die Rundungsfolgen und interpretiert die Gleichung geschickt, aber willkürlich, so um, dass der Realitätsbezug passend erscheint (eine Überprüfung hätte allerdings gezeigt, dass nach dieser Interpretation nach 119 Sekunden das Wasser erst 43,4 °C warm sein würde). C ist quasi das Komplement zu A und B. Hier wird die mittlere Änderungsrate der Temperatur korrekt bestimmt und transparent dargestellt. Beim Aufstellen der Gleichung geschieht allerdings ein Fehler, es werden x-Wert und y-Wert vertauscht (die Temperatur 75 °C wird für die Zeit x eingesetzt). Die Reaktion der Gruppe auf das daraus resultierende, kontextbezogen sinnlose Ergebnis (nach 40 Sekunden beträgt die Temperatur knapp 30 °C), ist aber gänzlich anders als die Reaktion von A und B. Die Gruppe validiert überhaupt nicht, stellt keinen Rückbezug zur Realität her, im Gegenteil, durch doppeltes Unterstreichen soll das Ergebnis wohl noch verstärkend bestätigt werden. D schaut mit einem ganz anderen Blick auf die Tabelle. Hier wird versucht ein ‚inneres' Muster der Temperaturänderungen zu finden. Die Darstellung bleibt dabei schwer durchschaubar, vermutlich werden die Änderungen der Änderungen betrachtet und dort eine Gesetzmäßigkeit gesucht.

Die Bearbeitungen zeigen wieder deutlich, wie wichtig es ist, Schülern bei der Bearbeitung von Modellierungsaufgaben Raum für eigene Dokumentationen zu geben. Diese ermöglichen es zunächst, dass die Lehrkraft Einblick in die Vorstellungs- und Gedankenwelt der Schüler bekommt, so dass Diagnosen möglich werden, die dann für zukünftiges Handeln ausgewertet werden können. Daneben zeigen die Ausführungen der Schüler aber auch wieder, wie zwingend notwendig eine synthetisierende, ordnende Diskussion und Zusammenfassung der Ergebnisse mit weiterführenden Dokumentationen durch die Lehrkraft ist; Handlungsorientierung impliziert zwingend Reflexionsorientierung. Förderlich für den Aufbau erwünschter Dispositionen zum Modellieren kann dabei zunächst ein Austausch der Gruppen untereinander sein, wo offensichtliche Widersprüche zu Reflexionen und Positionierungen führen. Die Ausführungen von A, B und C können anschließend unmittelbar zur Veranschaulichung und Dokumentation von Prinzipien der Validierung, also des Rückbezugs zur Realität, benutzt werden. Ein Vergleich mit der Modellierung durch D weist dann schon propädeutisch auf Unterschiede von beschreibender Modellierung und Suche nach Wirkzusammenhängen (hier Muster in der Folge der Temperaturwerte) hin. Während A und B auf das ‚Hinbiegen' hingewiesen werden müssen, muss C zunächst überhaupt erst einmal die Notwendigkeit des Rückbezuges zur Realität erlernen.

> Erfahrung 2: Mathematische Modelle ermöglichen die ‚Berechnung' von Prognosen, machen aber den Rückbezug zur Wirklichkeit notwendig, ein „Passendmachen" der Rechenergebnisse ist ein Modellierungsfehler.

3.4 Eisverkauf

Aufgabe (Klasse 7, Unterricht mit CAS):[6]

Carlos verkauft Eistüten der Marke „ Doretto" im Nelson Mandela Bay Stadion. Bisher gab es im neuen Stadion nur ein paar Ligaspiele der South Africa League, bei denen das Stadion nie ausverkauft war. Carlos hat sich eifrig mitgeschrieben, wie viele Eistüten er jeweils verkauft hat. Beim Spiel Deutschland gegen Serbien ist das Stadion zum ersten Mal ausverkauft (46.000 Zuschauer). Er überlegt nun, wie viele Eistüten er bereit halten sollte. Helft ihm und erstellt eine Prognose!

Ligaspiel	1	2	3	4	5	6	7	8
Zuschauer im Stadion	7.000	13.000	15.000	21.000	23.000	31.000	32.000	37.000
Verkaufte „Doretto"	3.500	6.500	5.100	7.800	5.400	8.000	9.900	9.700

Die Schüler benutzen folgende Verfahren zur Lösung der Aufgabe:

(1) Gerade durch den ersten und den letzten Punkt

(2) Gerade, die „mitten durch" die Punktwolke verläuft

(3) Ursprungsgeraden, teilweise mit einem Messwert, teilweise nach Augenmaß

(4) Geraden $y = mx + b$ mit $b > 0$

(5) Regressionsgerade mit CAS

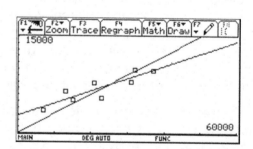

Während der Diskussion der Ergebnisse fallen folgende Bemerkungen:

(A) *Die lineare Regression ist Mittelwert für viele verschiedene Werte.*

(B) *Wenn man den Durchschnitt pro Zuschauer benutzt, ist das genauer.*

(C) *CAS ist genauer, es verzeichnet sich nicht.*

(D) *Man kann ja nicht wissen, wie viele ein Eis kaufen.*

(E) *Wenn Graph zu Fuß, dann weiß man ja nicht, welchen, ist auch ungenau, CAS kann das genauer.*

(F) *CAS ist eigentlich falsch, denn die Gerade muss ja durch (0/0) gehen, aber CAS weiß das nicht.*

---

[6] Das Problem ist von einem Referendar in einer Lehrprobe behandelt worden.

(G) *Ist ja eigentlich auch psychologisch, weil bei Sonnenwetter mehr gekauft wird als bei Regen.*

Dass die Schüler hier einen linearen Zusammenhang ansetzen, ist auf dem Hintergrund des unterrichtlichen Kontextes und der Altersstufe angemessen und naheliegend. Unmittelbar klar ist den Schülern, dass es nicht eine einzige richtige Gerade gibt, die Verfahren, eine geeignete zu finden, sind durchaus vielfältig und kreativ, es werden auch unterschiedliche Typen benutzt (Proportionalität, linear), das CAS dient als heuristisches Werkzeug. Solche vielfältigen Modellierungen erzwingen dann wieder einen reflektierende Vergleich und eine bündelnde Diskussion. Nebenbei bemerkt: Wer hier zu früh die ‚Keule' Regressionsfunktion mit GTR aus dem Köcher holt, vertut Chancen produktiven Modellierens, im Gegenteil, er generiert eventuell sogar die Fehlvorstellung, dass es zwar nicht genau eine Gerade gibt, aber genau eine am besten passende, also doch ein eindeutiges Ergebnis. Die hier aufgetretenen Bemerkungen (A) – (G) bieten wieder einen wunderbaren Bodensatz und Ausgangspunkt für die Erzeugung und den Ausbau differenzierter Grundvorstellungen zum Modellieren:

Welcher Mittelwert ist in (A) gemeint? Welche Modellierung steht hinter (B)? Es sind vermutlich die Quotienten („Doretto/Zuschauer"), also wird hier Proportionalität unterstellt. (F) hilft hier weiter und unterstützt. (C), (E) und (F) erzwingen eine Auseinandersetzung über Modellierungsannahmen und Möglichkeiten und Grenzen eines CAS. Die Gediegenheit von (F) sollte der Lerngruppe bewusst gemacht werden. Während in (B) Ansätze von Modellieren des Wirkzusammenhanges erahnbar sind, wird in (F) die Realsituation konstitutiv für die Modellierung mit einbezogen. Obwohl nach dem Kriterium der „Nähe zu den Messpunkten" die Regressionsfunktion das beste Modell zu sein scheint, muss es hier aus Gründen der adäquateren inhaltlichen Passung zur Realsituation zugunsten des Modells der Proportionalität eigentlich fallen gelassen werden. Der stillschweigenden Akzeptanz eines mathematischen Modells mit Prognosemöglichkeit stehen grundsätzliche Skepsis und Anmahnen der Grenzen mathematischer Modellierung ((C) und (G)) gegenüber. Die Suche nach einer Lösung führt nicht zur Einigung auf eine bestimmte, es muss mit verschiedenen Modellen weiter gearbeitet werden. Führt man nun mit den unterschiedlichen Modellen Prognosen für die absetzbare Menge an „Doretto" durch, erfahren Schüler ein weiteres wichtiges Grundprinzip von Modellierung: Unterschiedliche Prognosen sind nicht unbedingt Folgen von Unwissenheit sondern der Tatsache geschuldet, dass zu ein und derselben Realsituation eben unterschiedliche Modelle passen können. Will man die Güte von Prognosen einschätzen, müssen also eigentlich immer die zugrunde liegenden Modellierungen genannt werden.

Erfahrung 3: Wenn die ‚schmutzige' Welt im Spiel ist, passen meist unterschiedliche Modelle mit entsprechend differierenden Prognosen. Gute Passung zu den Messpunkten ist nicht alleiniges Kriterium, es sollten durch die Realsituation gegebene Nebenbedingungen berücksichtigt werden. Es gibt Gütekriterien für Modelle.

3.4 Eine Schulbuchaufgabe und eine Übungsaufgabe

7 *Tragkraft von Drahtseilen*

Ein Seil mit 18 mm Durchmesser kann mit 1 500 kg belastet werden, bei 20 mm dürfen es schon 2 000 kg sein. Nun soll eine Last von 3 Tonnen gehoben werden. Hein, der Vorarbeiter, rechnet.

a) Welche Annahme steckt hinter der Überlegung von Hein? Was hat diese mit einer linearen Funktion zu tun?

b) Einem Handbuch entstammt die folgende Tabelle:

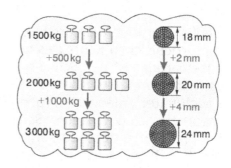

Durchmesser des Drahtseils	12 mm	14 mm	18 mm	20 mm	28 mm
maximale Belastbarkeit	820 kg	1 000 kg	1 500 kg	2 000 kg	8 000 kg

Zeichne einen Graphen zur Tabelle. Was sagst du nun zu Heins Rechnung? Versuche mit der Tabelle oder dem Graphen die für eine Last von 3 t nötige Seilstärke zu ermitteln.

Quelle: NEUE WEGE 7 NDS , S. 157

Ein Gespräch zwischen zwei Schülerinnen:

S1: *Hein hat richtig gerechnet.*

S2: *Aber es passt nicht zum Graphen und der Tabelle.*

S1: *Die Daten sind aber richtig.*

S2: *Mit Daten kann man nicht richtig rechnen. Die Daten sind mathematisch falsch.*

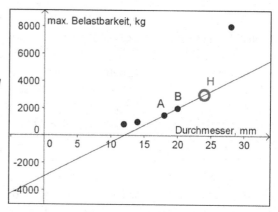

Schöner lässt sich das Problem des Beziehungsgefüges von Realität und Modell wohl kaum ‚modellieren'! Schüler(fehl)vorstellungen werden zum Ausgangspunkt für die Erzeugung von Sensibilität in Modellierungsfragen und Anbahnung von entsprechenden Kompetenzen. Hat sich das Modell nach der Realität zu richten oder die Realität nach dem Modell? [7]

Dass solche (Fehl-)vorstellungen auch bei Lehrkräften auftreten können, zeigt folgende Übungsaufgabe (nicht von einem Referendar):

Aus einem Tank fließt pro Stunde eine Flüssigkeit mit der Abflussrate f(t) Liter pro Stunde ab. Messungen ergaben folgende Werte:

Zeit in h	0	1	2	3	4
Abflussrate in l	4,3	ca. 4,1	3,7	ca. 3,0	1,9

Die Abflussrate kann näherungsweise mit einer quadratischen Funktion beschrieben werden. Bestimmen Sie die Funktionsgleichung dieser Funktion.

---

[7] Dass dies erkenntnistheoretisch komplexer ist als vordergründig vermutbar, wird spätestens mit Kants Diktum „Der Verstand schreibt der Natur die Gesetze vor." deutlich.

Für die Folgerechnungen benutzen Sie bitte die Funktion $f(t) = -0,15t^2 + 4,3$.

Man wundert sich über das „ca." in der Tabelle. Warum bei zwei Messwerten? Was ist mit den anderen? Wenn man weiterliest, wird die eigentlich nicht für möglich gehaltene Vermutung zur Gewissheit: Die Tabellenwerte sind die Funktionswerte von $f(t)$ und die sind für $t = 0$, $t = 2$ und $t = 4$ exakt und für $t = 1$ und $t = 3$ gerundet!

3.4 Das m&m-Experiment

Ein Spiel:
          (1) Vier m&m werden auf den Tisch 'gewürfelt'.
          (2) Zu jedem m&m mit obenliegendem m wird ein m&m dazugelegt.
          (3) Alle m&m zusammen werden wieder auf den Tisch ‚gewürfelt'.
          (4) Siehe (2)

- Wie lange kann man mit 5.000 m&m spielen?
- Wie viele m&m braucht man, damit das Spiel 30 Würfe lang dauert?

Eine ausführliche Darstellung von Unterrichtsgängen findet man in [1] und [2]. Hier sollen nur typische Modellierungen von Schülern angegeben werden, wie sie in mehrmaligen Durchführungen des Spiels im Unterricht aufgetreten sind. Diese dienen als Ausgangspunkt für eine Erörterung der unterrichtlichen Konsequenzen bezüglich des Ausbaus von Grundvorstellungen und Erfahrungen zum Modellieren.

(1) Beschreibung der Messpunkte mit Parabeln, manchmal auch kubischen Funktionen.

(2) „immer ungefähr die Hälfte dazu" $\rightarrow$ $x_{n+1} = x_n + 0,5 \cdot x_n$.

(3) „immer ungefähr die Hälfte dazu" $\rightarrow$ $f(x) = 4 \cdot 1,5^x$.

(4) Proportionalität von Anzahl der Würfe und Anzahl der m&m auf dem Tisch.

(1) – (4) treten meist nicht alle zusammen in einer Lerngruppe auf, auch ist die Verteilung der einzelnen Modelle innerhalb der Gruppen unterschiedlich. Damit gewinnt die anschließende Diskussion um das Finden eines ‚besten' Modells wieder an Bedeutung. So gab es Lerngruppen, in denen sehr dominant (1) in allen Variationen auftrat und (2) und (3) erst spät in den Blick kamen (vgl. [1]), in anderen Lerngruppen gab es eine fast gleichverteilte Benutzung von (1) und (2) bzw. (3), es gab aber auch eine Lerngruppe, in der kaum (1) auftrat, dafür überraschenderweise aber zweimal (4), so dass hier zwischen (3) und (4) diskutiert wurde. Wichtig für die Unterrichtsgestaltung ist nun wieder, dass hier behutsam die Positionen vorgetragen und verglichen werden und nicht zu früh in Schiedsmanier vom Lehrer in Richtung (2) bzw. (3) gelenkt wird. Natürlich wird man (4) schnell ‚widerlegen' können (schon (0|4) ist ausreichendes Argument), aber warum ist es denn kein quadratischer Zusammenhang? In der Tat kann es durchaus sein, und ist auch aufgetreten, dass die realen Messwerte besser zu einer Parabel passen, als zu $4 \cdot 1,5^x$. Warum sollte man sich für die Exponentialfunktion entscheiden? Wenn es dann noch aus einer Schülerin herausplatzt „Das kann nicht sein", als sie berechnete, dass mit dem Exponentialmodell 767.000 m&m, also ca. 3070 Tüten, notwendig wären, um dreißigmal zu spielen, wendete sich schon mal das Blatt und einige halten wieder das quadratische Modell für passender, bei dem man nur ca. 1.800 m&m für dreißig Durchgänge benötigt. Wieder ein schönes Beispiel dafür, dass Alltagsdenken und – vorstellungen zum Korrektiv für vorher für passend gehaltene Modelle benutzt wer-

den, oder anders: Wenn die Konsequenzen eine Modells einem ‚suspekt' erscheinen, lässt man lieber das Modell fallen als seine Vorstellungswelt zu modifizieren.

Hier muss dann die Berücksichtigung innerer Wirkzusammenhänge explizit angesprochen werden: Die dem Spiel innewohnenden Wirkmechanismen (hier: Spielregeln) sind es, die das exponentielle Modell („immer die Hälfte dazu") auszeichnen.

Wenn Schüler dann stolz berichten, dass $4 \cdot 1,48^x$ bei ihnen noch besser als $4 \cdot 1,5^x$ zu den selbst erzeugten Daten passt, dann haben sie in beschreibender Weise das ‚allgemeine' Modell noch mal verbessert, aber was ist mit dem Datensatz der Nachbargruppe? Warum wird man wohl doch bei $4 \cdot 1,5^x$ bleiben? Ist das Modell generell besser?

Bei solch einem Ringen zwischen beschreibender Modellierung und Modellierung von Wirkzusammenhängen erleben Schüler exemplarisch in einer spielerischen Einkleidung immer wieder auftretende analoge Auseinandersetzungen in den Wissenschaften. So ist die Epizyklentheorie zur Planetenbewegung im wesentlichen eine beschreibende Modellierung, immer neue Kreise mussten konstruiert werden, um beobachtete Abweichungen vom Modell zu korrigieren, um also eine bessere Annäherung zu schaffen. Mit Galilei, Kepler und im vorläufigen Abschluss dann mit Newton wurden an die Stelle von Beschreibungen, Modellierungen innerer Wirkzusammenhänge durch DGLn gegeben, die in der Anfangsphase tatsächlich zu schlechterer Datenpassung, als sie die Epizyklentheorie lieferte, führte[8]. Entscheidend ist aber letztendlich die Art der Modellierung gewesen, die zum Siegeszug der Newton'schen Physik führte.

Erfahrung 4: Es gibt unterschiedliche Qualitäten der Modellierung. Gelingt es, innere Wirkmechanismen zu erfassen, ist dies besser als eine alleinige Beschreibung. Ein Modell kann besser sein, obwohl es schlechter zu den Daten passt als ein Konkurrent. Nicht erwartete oder auch erhoffte Konsequenzen eines Modells für die Realität sind kein Falsifikator.

Wenn Schülerinnen und Schüler in der Sek 1 die Erfahrungen 1-4 in mehreren Situationen gemacht haben, besitzen sie sicherlich am Ende der Sek 1 eine hinreichende Kompetenz im Modellieren, die dann in der Sek 2, mindestens exemplarisch, ausgebaut werden kann.

Literatur

[1] Körner, H. (2003): Modellbildung mit Exponentialfunktionen, ISTRON 8, S. 155-177.

[2] Körner, H. (2008): Das m&m-Experiment, TI Nachrichten 2/2008, S. 23-27.

[3] Renken, A. (2012): Von der Realität zum Modell – Wie mathematisieren Schülerinnen und Schüler einer siebten Klasse des Gymnasiums?, Schriftliche Hausarbeit am Studienseminar Oldenburg für das Lehramt an Gymnasien.

Anschrift des Autors:
Henning Körner, Graf-Anton-Günther-Schule Oldenburg / Studienseminar Oldenburg / Carl von Ossietzky Universität Oldenburg
E-Mail: henning.koerner@uni-oldenburg.de

---

[8] Pointiert: Wenn die Kritik der katholischen Kirche sich auf Datenpassung bezog, war sie zunächst im Recht.

Einblick in Optionen

Jörg MEYER, Hameln

Abstract: Für Hedgefonds sind Leerverkäufe und Optionen wesentlich. Was es damit auf sich hat und was man damit anfangen kann, wird erläutert. Der Preis von Optionen wird bestimmt. Dabei werden gegenüber der Literatur einige Vereinfachungen vorgenommen: Zinsen für Geld werden nicht berücksichtigt, und die Diskussion verbleibt im Bereich der Binomialverteilung.

0. Einleitung

Warum noch ein Aufsatz zu Optionen? Es gibt doch schon genug lesbare Literatur zu diesem Thema (vgl. das überhaupt nicht erschöpfende Literaturverzeichnis). Die Rechtfertigung liegt einerseits darin, dass ich bei manchen Details anders vorgehe als in der mir bekannten Literatur, andererseits aber auch im globalen Zuschnitt: Das Geschehen am Markt muss, um im Unterricht die wesentlichen Strukturen deutlich werden zu lassen, stark vereinfacht werden. So sehen viele Autoren zu Recht davon ab, Transaktionsgebühren oder Steuern in ihren Überlegungen zu berücksichtigen. Ich sehe auch davon ab, Schuld- und Habenzinsen zu berücksichtigen (zumal zum gegenwärtigen Zeitpunkt die Habenzinsen ohnehin lächerlich gering sind). Das Leihen und Verleihen von Aktien soll ebenfalls „umsonst" sein. Wie bei anderen Autoren ist auch bei mir der Markt „unendlich groß", d.h.: Wenn man Geld oder Aktien leihen will, findet man immer einen Verleiher. Wenn man Geld oder Aktien verleihen will, findet man immer einen Leiher.

Ich werde auch nicht alle möglichen Derivate betrachten, sondern mich auf *europäische Call-und Put-Optionen* auf Aktien beschränken. Da die Call-Optionen zu interessanteren Phänomenen (und damit zu mehr kontraintuitiven Überraschungen) führen, beginne ich mit ihnen; auch im weiteren Verlauf werden sie im Mittelpunkt stehen.

Ein weiterer Unterschied zu anderen Autoren besteht darin, dass ich von Handels-Strategien und Portfolios fast vollständig absehe. Optionen werden von vornherein als Garantien aufgefasst.

Der Einfachheit halber wird bei Geldbeträgen die Maßeinheit € weggelassen.

1. Call-Optionen

1.0. Einleitung

Bekanntlich kann man Geld leihen oder verleihen. Dass man auch Aktien leihen oder verleihen kann, führt zu recht interessanten Szenarien.

Natürlich prognostiziert ein Aktienverleiher den Kursverlauf anders als ein Leiher: Der Leiher rechnet mit einem Kursgewinn, der Verleiher mit einem Kursverlust der Aktie.

1.1. Aktienkurse können fallen oder steigen

Hans hat kein Startkapital und denkt sich folgende (auf den ersten Blick durchaus schräg anmutende) Strategie aus:

Er leiht sich für die Periode zwischen Zeitpunkt 0 und Zeitpunkt 1 eine Aktie, die er zum Zeitpunkt 0 sofort zum Tagespreis $A = 100$ verkauft. (In der Fachliteratur nennt man so etwas *Leerverkauf*[1].) Dadurch hat Hans $A = 100$ auf dem Konto.

Zum Zeitpunkt 1 muss er die geliehene Aktie zurückgeben. Dazu muss er sich die Aktie erst einmal zum dann gültigen Tagespreis besorgen.

Nehmen wir einmal an, dass es *nur* die beiden folgenden Möglichkeiten gibt:

- Die Aktie wird bis zum Zeitpunkt 1 auf den Kurs $A_1 = 120$ steigen. Da Hans sie dann kaufen *muss*, wird er einen Verlust von $A_1 - A = 20$ haben. Verluste sind stets negative Gewinne.

- Die Aktie wird bis zum Zeitpunkt 1 auf den Kurs $A_0 = 70$ fallen und einen Gewinn von $A - A_0 = 30$ hervorrufen.

Zeitpunkt 0	Zeitpunkt 1	Gewinn für Hans
	$A_1 = 120$	$100 - 120 = -20$
$A = 100$ ↗ ↘		
	$A_0 = 70$	$100 - 30 = 30$

Wir stellen mit dem Guthabenvektor $(g;\ a)$ dar, dass Hans ein Geld-Guthaben von g (erste Komponente) besitzt und ein Aktien-Guthaben von a (zweite Komponente). Zum Zeitpunkt 0 verfügt Hans also über den Guthabenvektor $(100;\ -100)$.

Wir nehmen der Einfachheit halber an, dass es für Geld weder Schuld- noch Habenzinsen gibt. Im Gegensatz zum Geld-Guthaben verändert sich das Aktien-Guthaben bis zum Zeitpunkt 1:

	Gewinn für Hans
$(100;\ -120)$	$100 - 120 = -20$
$(100;\ -100)$ ↗ ↘	
$(100;\ -70)$	$100 - 70 = 30$

1.2. Optionen liefern eine Garantie

Die Möglichkeit eines Verlusts oder eines zu geringen Gewinns führt zu dem Wunsch, die Aktie zum Zeitpunkt 1 für höchstens $G = 90$ erwerben zu können.

$$A = 100 \nearrow A_1 = 120$$
$$\searrow\ G = 90$$
$$A_0 = 70$$

Hätte Hans eine solche Garantie, so würde er auf jeden Fall Gewinn machen:

---

[1] vgl. etwa Tietze [8]2006; S. 367.

$$\underline{\text{Gewinn für Hans}}$$

$$(100; \; -90) \qquad 100 - 90 = 10$$

↗

$$(100; \; -100)$$

↘

$$(100; \; -70) \qquad 100 - 70 = 30$$

Elke bietet Hans eine solche Garantie an: Steigt der Aktienkurs auf $A_1 = 120$, so zahlt Elke an Hans den Differenzbetrag $A_1 - G = 30$ aus; netto muss Hans für die Aktie also tatsächlich nur $G = 90$ bezahlen; sein Gesamtgewinn beträgt $A - G = 10$. Fällt hingegen der Aktienkurs auf $A_0 = 70$, so nimmt Hans die Garantie gar nicht in Anspruch; sein Gewinn beträgt wie oben weiterhin $A - A_0 = 30$.

Eine solche Garantie (die Finanzleute nennen sie eine „*europäische Call-Option*[2] *auf Aktien*") bietet Elke natürlich nicht zum Nulltarif an; sie kann ja unter Umständen einen Verlust von $A_1 - G = 30$ haben. Die entscheidende Frage lautet:

Wie hoch sollte der faire Preis für diese Garantie sein?

(Mit „fair" ist gemeint, dass weder Elke noch Hans auf lange Sicht Gewinn machen sollen, wenn Elke viele solcher Garantien an Hans verkauft. Dass Elke vielleicht vom Verkauf dieser Optionen ihren Lebensunterhalt bestreiten will, wird *nicht* berücksichtigt.)

Wir setzen voraus, dass zwischen den Zeitpunkten 0 und 1 keinerlei Aktionen möglich sind; man darf also nur zum Zeitpunkt 0 und zum Zeitpunkt 1 aktiv werden.

Nehmen wir weiter an, dass Hans und Elke die Aktie zum Zeitpunkt 0 so einschätzen: Mit Wahrscheinlichkeit $p = 0,3$ steigt sie auf $A_1 = 120$ und mit der Gegenwahrscheinlichkeit $1 - p = 0,7$ fällt sie auf $A_0 = 70$.

Aus der Sicht von Hans steigt der Wert der Option auf $A_1 - G = 30$ oder fällt auf 0.

$$\underline{\text{Optionsauszahlung an Hans}}$$

$$A_1 = 120 \qquad\qquad A_1 - G = 30$$

$$p \nearrow$$

$$A = 100$$

$$1-p \searrow \qquad\qquad G = 90$$

$$A_0 = 70 \qquad\qquad\qquad 0$$

---

[2] Die *Call-Option* ist ein Vertrag zwischen Elke und Hans. Hans erwirbt das Recht (nicht aber die Pflicht), zum Zeitpunkt 1 eine Aktie zum Preis G von Elke zu kaufen (nach Adelmeyer/Warmuth 2003; S. 109). Die geschichtliche Entwicklung von Optionen kann man bei MacKenzie 2008; Kap. 5 nachlesen.

1.3. Erste Modellierung des Optionspreises

Mit Wahrscheinlichkeit $p = 0,3$ bekommt Hans die Auszahlung $A_1 - G = 30$; der Preis α für die Garantie sollte also $\alpha = p \cdot (A_1 - G) \left(+(1-p) \cdot 0\right) = 9$ sein; es handelt sich um den *Erwartungswert der Optionsauszahlung*.

Nun ist der Finanzmarkt so organisiert, dass Elkes Call-Optionen auch für Leute erwerbbar sind, die gar keine Aktien haben. Auch solche Leute bekommen im Fall des Aktienanstiegs $A_1 - G$ ausbezahlt.

Der Handel mit Optionen ist also *nicht* an den Handel mit den zugehörigen Aktien gebunden.

Dies macht sich Hans zunutze:
Zum Zeitpunkt 0 leiht er sich 2 Aktien und verkauft sie gleich wieder; dadurch sind $2 \cdot A = 200$ auf seinem Konto. Außerdem kauft er 5 Call-Optionen von Elke; diese kosten ihn $5 \cdot \alpha = 45$. Dadurch sind noch 155 € auf seinem Konto.
Übersichtlicher lässt sich dies wieder durch Guthabenvektoren darstellen, die durch eine dritte Komponente für das Optionsguthaben erweitert werden.
Zum Zeitpunkt 0 (in Wirklichkeit ist der Zeitpunkt eine kurze Zeitspanne) ändert sich der Guthabenvektor von Hans in drei Schritten:

$$\left(0;\ 0 \cdot \boxed{100};\ 0 \cdot \boxed{9}\right) \to \left(200;\ -2 \cdot \boxed{100};\ 0 \cdot \boxed{9}\right) \to \left(155;\ -2 \cdot \boxed{100};\ 5 \cdot \boxed{9}\right).$$

Die eingekastelten Zahlen verändern sich bis zum Zeitpunkt 1:

Gewinn für Hans

$$\left(155;\ -2 \cdot \boxed{120};\ 5 \cdot \boxed{30}\right) \qquad 155 - 240 + 150 = \underline{\underline{65}}$$

$$\nearrow$$

$$\left(155;\ -2 \cdot \boxed{100};\ 5 \cdot \boxed{9}\right)$$

$$\searrow$$

$$\left(155;\ -2 \cdot \boxed{70};\ 5 \cdot \boxed{0}\right) \qquad 155 - 140 = \underline{\underline{15}}$$

Hans macht auf jeden Fall einen Gewinn, ohne dafür irgendein Risiko einzugehen. Man nennt einen solchen risikolosen Gewinn *„Arbitrage"*.
Wenn es eine solche Arbitrage-Möglichkeit gäbe, würde jeder sie (sogar mehrfach) ausnutzen, und jeder würde unermesslich reich werden. Das wäre vielleicht schön, erscheint aber als unrealistisch. Wo liegt der Fehler in der Argumentation?
Der einzige einstellbare Parameter war der Optionspreis α. Offenbar ist dieser Preis nicht angemessen gewählt worden. Daraus ergibt sich das Ziel der weiteren Überlegungen:

> Man muss den Optionspreis so wählen, dass es keine Arbitrage-Möglichkeiten gibt.

1.4. Zweite Modellierung des Optionspreises

Der (noch zu bestimmende) Preis für eine Call-Option sei β. Wenn Hans zum Zeitpunkt 0 den beliebigen Guthabenvektor $\left(w;\ x \cdot \boxed{100};\ y \cdot \boxed{\beta}\right)$ hat, so wird sich dieser bis zum Zeitpunkt 1 ändern:

Gewinn für Hans

$$\left(w;\quad x\cdot\boxed{120};\quad y\cdot\boxed{30}\right)\qquad x\cdot20+y\cdot(30-\beta)$$

$$\left(w;\quad x\cdot\boxed{100};\quad y\cdot\boxed{\beta}\right)$$

$$\left(w;\quad x\cdot\boxed{70};\quad y\cdot\boxed{0}\right)\qquad x\cdot(-30)+y\cdot(-\beta)$$

Die jeweiligen Gewinnmöglichkeiten für Hans dürfen nicht beide positiv sein (man beachte, dass x und y nicht beide positiv zu sein brauchen). Interpretiert man die Gewinnmöglichkeiten als *Skalarprodukte*, so bedeutet das:

$$V_1 = \begin{pmatrix} 20 \\ 30-\beta \end{pmatrix} \text{ und } V_2 = \begin{pmatrix} -30 \\ -\beta \end{pmatrix} \text{ müssen so eingerichtet sein, dass es } \textit{keinen} \text{ Vektor}$$

$$P = \begin{pmatrix} x \\ y \end{pmatrix} \text{ gibt, der } \textit{gleichzeitig} \text{ mit } V_1 \text{ und } V_2 \text{ einen spitzen Winkel bildet.}$$

Abb. 1: Zwei Vektoren mit eingeschlossenem spitzen Winkel

Das ist nur möglich, wenn V_1 und V_2 einen Winkel von $180°$ bilden. Dies führt auf $\beta = 18$.

Wählt man einen anderen Optionspreis, so lassen sich immer (sogar unendlich viele) Vektoren $P = \begin{pmatrix} x \\ y \end{pmatrix}$ so finden, dass sie mit V_1 und V_2 einen spitzen Winkel bilden; d.h.: Hans hat dann eine positive Arbitrage-Möglichkeit, d.h. er kann einen risikolosen Gewinn erzielen.

Wenn V_1 und V_2 einen Winkel von $180°$ bilden, gibt es zwar Vektoren P, die mit V_1 einen spitzen Winkel bilden (d.h.: der Gewinn für Hans ist positiv); dann ist aber der Winkel zwischen P und V_2 stumpf (d.h.: der Gewinn für Hans ist negativ). Daran ist auch gar nichts auszusetzen; man will ja nur verhindern, dass Hans in *jedem* Fall einen positiven Gewinn macht.

Nebenbei: Man würde auch dann von einer Arbitrage-Möglichkeit reden, wenn nur eine der beiden Gewinnmöglichkeiten positiv und die andere null wäre. Es gäbe dann einen Vektor P, der etwa auf V_1 senkrecht steht und mit V_2 einen spitzen Winkel bildet. Man könnte dann aber P leicht so um den Ursprung drehen, dass ein spitzer Winkel sowohl mit V_1 als auch mit V_2 zustande kommt.

Der „richtige" Preis $\beta = 18$ für eine Option unterscheidet sich vom vorhin errechneten $\alpha = 9$.

Insbesondere ist β *unabhängig* davon, wie Elke und Hans den weiteren Kursverlauf der Aktie einschätzen, also unabhängig von der Wahrscheinlichkeit p. Da α von p abhängt, β dies aber nicht tut, haben α und β nichts miteinander zu tun[3].

1.5. Allgemeine Bestimmung des Preises für eine Call-Option

Zum Zeitpunkt 0 habe die Aktie den Wert A. Zum Zeitpunkt 1 kann sie den höheren Wert $A_1 = u \cdot A$ oder den tieferen Wert $A_0 = d \cdot A$ haben. Es ist also $0 < d < 1 < u$; „u" steht für *„up"* und „d" für *„down"*. Der Garantiepreis sei G. Der zu ermittelnde Preis für eine Call-Option sei β.

Der Guthabenvektor von Hans zum Zeitpunkt 0 sei $\left(w; \ x \cdot \boxed{A}; \ y \cdot \boxed{\beta} \right)$. Da die erste Komponente bisher keine Rolle gespielt hat, wird sie im Folgenden stets weggelassen. Bis zum Zeitpunkt 1 ändert sich der Guthabenvektor:

Gewinn für Hans

$\left(x \cdot \boxed{u \cdot A}; \ y \cdot \boxed{u \cdot A - G} \right)$ $\qquad x \cdot (u-1) \cdot A + y \cdot (u \cdot A - G - \beta)$

$\nearrow$

$\left(x \cdot \boxed{A}; \ y \cdot \boxed{\beta} \right)$

$\searrow$

$\left(x \cdot \boxed{d \cdot A}; \ y \cdot \boxed{0} \right)$ $\qquad\qquad x \cdot (d-1) \cdot A + y \cdot (-\beta)$

Die beiden Gewinnmöglichkeiten für Hans dürfen nicht beide positiv sein; analog zum letzten Abschnitt führt das auf die Bedingung, dass die beiden Vektoren $\begin{pmatrix} (u-1) \cdot A \\ u \cdot A - G - \beta \end{pmatrix}$ und $\begin{pmatrix} (d-1) \cdot A \\ -\beta \end{pmatrix}$ einen Winkel von $180°$ einschließen müssen. Daher ist

$$\beta = \frac{1-d}{u-d} \cdot (u \cdot A - G).$$

Man sieht: Der Preis β ist kleiner als die Garantie-Auszahlung $u \cdot A - G$. Dies ist von einem vernünftigen Optionspreis auch zu erwarten.

1.6. Reflexion

Was haben wir bisher erreicht? Der erste Ansatz, einen Preis α für eine Call-Option über den Erwartungswert der Auszahlung als $\alpha = p \cdot (u \cdot A - G)$ festzulegen, war untauglich, weil er nicht die Möglichkeit, mit Aktien *und* mit Optionen handeln zu können, berücksichtigt hat. Der „marktangemessenere" Preis $\beta = \frac{1-d}{u-d} \cdot (u \cdot A - G)$ lässt sich überraschenderweise auch als Erwartungswert der Auszahlung betrachten, allerdings nicht mit der Wahrscheinlichkeit p, sondern mit der *formalen Wahr-*

---

[3] Alternative Wege zur Ermittlung von β finden sich in der angegebenen Literatur (vor allem Adelmeyer/Warmuth 2003, Biagini/Rost 2013, Hull[7]2009, Pfeifer 2000).

scheinlichkeit $p^* = \dfrac{1-d}{u-d}$. Die formale Gegenwahrscheinlichkeit hat den Wert

$q^* = \dfrac{u-1}{u-d}$. Der mit ihnen gebildete Erwartungswert ist

$$E^*(\text{Optionswert zum Zeitpunkt 1}) = p^* \cdot (u \cdot A - G) + q^* \cdot 0 = \frac{1-d}{u-d} \cdot (u \cdot A - G).$$

Man überlegt sich leicht, dass diese formalen Wahrscheinlichkeiten tatsächlich im Intervall [0; 1] liegen.

1.7 Ein ganz kleiner Ausblick auf Handels-Strategien

Nehmen wir einmal an, es gebe eine positive Arbitrage-Möglichkeit (der Options-preis darf dann natürlich nicht so groß wie β sein; nennen wir ihn ξ). Dann müssten die beiden „Gewinne für Hans" jeweils positiv sein:

$$x \cdot (u-1) \cdot A + y \cdot (u \cdot A - G - \xi) > 0$$
$$x \cdot (d-1) \cdot A + y \cdot (-\xi) > 0$$

Man sieht aus der zweiten Ungleichung, dass x und y nicht beide positiv sein kön-nen. Wären beide negativ, wäre die erste Ungleichung nicht erfüllt. Demnach müs-sen x und y unterschiedliche Vorzeichen haben.

Ein risikoloser Gewinn lässt sich folglich nur realisieren, wenn man bezüglich der Aktien oder bezüglich der Optionen Schulden hat. Plakativ ausgedrückt:

> Bei einem „falschen" Optionspreis kann man nur reich werden,
> wenn man Schulden macht!

1.8 Kritisches zur Arbitrage-Möglichkeit

Positive Arbitrage-Möglichkeiten können von jeder Person sofort ausgenutzt wer-den, sofern der Markt transparent ist. Diese Voraussetzung wird zunehmend in Zweifel gezogen; die folgende Passage trifft auch für Optionen zu:

> „Die Theorie besagt, dass der Marktpreis alle relevanten Informationen über eine Aktie enthält: daher ist es so gut wie unmöglich, den Markt zu schlagen. Mittel- bis langfristig mag diese Theorie in etwa zutreffen. Aber auf kurze Sicht ist Information oft nicht der wichtigste Einflussfaktor auf den Preis. Statt dessen schwanken die Kurse, weil sich der Appetit der Anleger von Mi-nute zu Minute ändert." (Mallaby 2011; S. 73).

Dies hat Konsequenzen:

> „Die Kunst der Spekulation besteht darin, eine Erkenntnis zu entwickeln, welche die anderen übersehen haben, und dann aufgrund dieses kleinen Vor-teils im großen Stil zu traden." (Mallaby 2011; S. 115).

1.9 Zur Rolle der Derivate

Wie der Finanzmarkt funktioniert, konnte man etwa am 16. 7. 2011 in der „Süd-deutschen Zeitung" nachlesen:

> „Slavin erzählt von den zweitausend Physikern, die inzwischen an den Börsen der Wall Street beschäftigt sind, um das so genannte „Black Box Trading" zu programmieren, das inzwischen 70 Prozent des Wertpapierhandels bestimmt. In Mikrosekunden tätigen da Algorithmen Käufe und Verkäufe mit enormem Volumen."

„Der Spiegel" schreibt am 22. 8. 2011 auf S. 64:

> „Sogenannte Hochfrequenzhändler (...) stellten Supercomputer der neuesten Generation auf. Die sind so programmiert, dass sie selbständig im Millisekundenbereich Aktien kaufen oder verkaufen können und so auf die neusten Trends der Börse setzen. (...) Aber solche Programme können einen Crash auch verstärken – oder sogar auslösen. (...) Im Devisenhandel geben schon lange Computer die Richtung vor. Die Währungsmärkte seien inzwischen ‚zu kompliziert für die menschlichen Gedankenabläufe'."

Seit Erscheinen dieses Istron-Bandes wird der Hochfrequenzhandel noch stark zugenommen haben. Was steckt dahinter?

Optionen und andere Finanzderivate bilden eine vom Gütermarkt und vom Bargeldumlauf *un*abhängige Form von *Geld*.

Vogl (^{5}2010/11; S. 94) drückt es plastisch aus:

> „Jemand, der eine Ware nicht hat, sie weder erwartet noch haben will, verkauft diese Ware an jemanden, der diese Ware ebenso wenig erwartet oder haben will und sie auch tatsächlich nicht bekommt."

Der Umfang dieser Geschäfte ist überhaupt nicht zu vernachlässigen:

> „ ... innerhalb dreier Jahrzehnte ist der Handel mit Finanzderivaten, den es vor 1970 nicht oder nur unter Ausnahmebedingungen gab, zum weltweit größten Markt überhaupt angewachsen. Vom jährlichen Wert weniger Millionen Dollars Anfang der siebziger Jahre stieg sein Volumen auf 100 Milliarden im Jahr 1990, dann auf ca. 100 Billionen Dollars um die Jahrtausendwende und erreichte das Dreifache des weltweiten Umsatzes an Verbrauchsgütern." (Vogl ^{5}2010/11; S. 90).

1.10 Zur Rolle des Modells

Dass es für die Kursentwicklung einer Aktie nur zwei (auch noch von vornherein bekannte!) Möglichkeiten gibt, ist natürlich hoffnungslos unrealistisch. Trotzdem hat dieses Modell einiges an Einsichten vermittelt. Der berühmte US-amerikanische Wirtschaftswissenschaftler Milton *Friedman* drückte diesen Sachverhalt 1953 recht drastisch aus:

> „Truly important and significant hypotheses will be found to have ‚assumptions' that are wildly inaccurate descriptive representations of reality. (...) A hypothesis is important if it 'explains' much by little (...) and permits valid predictions (...). To be important, therefore, a hypothesis must be descriptively false in its assumptions" (zitiert nach MacKenzie 2008; S. 9-10)

Man muss sich dem letzten Satz nicht anschließen, um gleichwohl eine Parallele etwa zur Galilei'schen Physik zu sehen, die auch von Gegebenheiten (wie etwa dem luftleeren Raum) ausgeht, die hoffnungslos unrealistisch sind. Das Newton'sche Axiom über die Bewegung eines Körpers in einem kräftefreien Raum beschreibt ebenfalls nicht die Realität, da es nun einmal nirgendwo kräftefreie Räume gibt.

Der Vorhersagewert einer Theorie ist zwar in der Finanzwirtschaft noch komplizierter als in der Physik (dies wird in MacKenzie 2008; S. 21 ff. und später passim beleuchtet), aber prinzipiell kann man natürlich real existierende Optionspreise messen; erschwert wird die Sachlage durch den Umstand, dass das ursprünglich als deskriptiv gedachte Modell der Optionspreis-Bestimmung mittlerweile (insbesondere anlässlich der Verfeinerung durch Black und Scholes) präskriptiv geworden ist (etwa nachzulesen in MacKenzie 2008).

Der Hauptpunkt bei der Bestimmung des Optionspreises bestand auch gar nicht in einer realitätsangemessenen Modellierung von Aktienkurs-Entwicklungen, sondern in der Identifikation von Arbitrage-Möglichkeiten. Letztere lassen sich in einem unrealistischen Modell besser verstehen.

2. Put-Optionen

2.1. Es geht auch anders ...

Hans hat kein Startkapital und denkt sich folgende Strategie aus:

Zum Zeitpunkt 0 leiht er sich Geld und kauft davon zum Tagespreis $A = 100$ eine Aktie. Dadurch hat Hans $-A = -100$ auf dem Konto. Für seinen Guthabenvektor gilt:

$$\text{Gewinn für Hans}$$

$$(-100;\ 120) \qquad 20$$

$$\nearrow$$

$$(-100;\ 100)$$

$$\searrow$$

$$(-100;\ 70) \qquad -30$$

Die Möglichkeit eines Verlusts oder eines zu geringen Gewinns führt zu dem Wunsch, die Aktie zum Zeitpunkt 1 für mindestens $H = 105$ verkaufen zu können.

Peggy bietet Hans eine solche Garantie an: Fällt der Aktienkurs auf $A_0 = 70$, so zahlt Peggy den Differenzbetrag $H - A_0 = 35$ aus. Steigt hingegen der Aktienkurs auf $A_1 = 120$, so nimmt Hans die Garantie gar nicht in Anspruch.

$$\text{Optionsauszahlung an Hans}$$

$$A_1 \qquad 0$$
$$\nearrow \quad H$$
$$A$$
$$\searrow$$
$$A_0 \qquad\qquad H - A_0$$

Es ist bemerkenswert, dass der Optionswert genau dann fällt, wenn der Aktienwert steigt. Das war bei Call-Option genau andersherum.

Die entscheidende Frage lautet wieder:

Wie hoch sollte der Preis für eine solche Garantie (die Finanzleute nennen sie eine *„europäische Put-Option*[4] *auf Aktien"*) sein?

2.2. Wert einer Put-Option

Der Preis für eine Put-Option sei μ. Der Guthabenvektor wird durch eine weitere Komponente erweitert, die das Guthaben an Put-Optionen beschreibt. Die Komponenten des Guthabenvektors beschreiben also nacheinander die Aktien, die Call- und die Put-Optionen.

---

[4] Die Put-Option ist ein Vertrag zwischen Peggy und Hans. Hans erwirbt das Recht (nicht aber die Pflicht), zum Zeitpunkt 1 eine Aktie zum Preis H an Peggy zu verkaufen (nach Adelmeyer/Warmuth 2003; S. 109).

Wenn Hans zum Zeitpunkt 0 den beliebigen Guthabenvektor $\left(x \cdot \boxed{A};\; 0;\; z \cdot \boxed{\mu}\right)$ hat, so wird sich dieser bis zum Zeitpunkt 1 ändern:

$$\underline{\text{Gewinn für Hans}}$$

$$\left(x \cdot \boxed{u \cdot A};\; 0;\; z \cdot \boxed{0}\right) \qquad x \cdot (u-1) \cdot A + z \cdot (-\mu)$$

$$\nearrow$$

$$\left(x \cdot \boxed{A};\; 0;\; z \cdot \boxed{\mu}\right)$$

$$\searrow$$

$$\left(x \cdot \boxed{d \cdot A};\; 0;\; z \cdot \boxed{H - d \cdot A}\right) \quad x \cdot (d-1) \cdot A + z \cdot (H - d \cdot A - \mu)$$

Damit es keine Arbitrage-Möglichkeiten gibt, dürfen für beliebige Vektoren $\begin{pmatrix} x \\ z \end{pmatrix}$ die

Skalarprodukte mit $\begin{pmatrix} (u-1) \cdot A \\ -\mu \end{pmatrix}$ und $\begin{pmatrix} (d-1) \cdot A \\ H - d \cdot A - \mu \end{pmatrix}$ nicht gleichzeitig positiv sein.

Dies führt auf

$$\mu = \frac{u-1}{u-d} \cdot (H - d \cdot A).$$

2.3. Wenn man mit beiden Optionsarten handeln darf ...

Der Preis für eine Call-Option sei δ, der für eine Put-Option sei ρ. Der anfängliche Guthabenvektor sei $\left(x \cdot \boxed{A};\; y \cdot \boxed{\delta};\; z \cdot \boxed{\rho}\right)$:

$$\left(x \cdot \boxed{u \cdot A};\; y \cdot \boxed{u \cdot A - G};\; z \cdot \boxed{0}\right)$$

$$\nearrow$$

$$\left(x \cdot \boxed{A};\; y \cdot \boxed{\delta};\; z \cdot \boxed{\rho}\right)$$

$$\searrow$$

$$\left(x \cdot \boxed{d \cdot A};\; y \cdot \boxed{0};\; z \cdot \boxed{H - d \cdot A}\right)$$

Schreibt man die jeweiligen Gewinnmöglichkeiten wieder als Skalarprodukte, so bekommt man

$$\begin{pmatrix} x \\ y \\ z \end{pmatrix} \cdot \begin{pmatrix} (u-1) \cdot A \\ u \cdot A - G - \delta \\ -\rho \end{pmatrix} \quad \text{und} \quad \begin{pmatrix} x \\ y \\ z \end{pmatrix} \cdot \begin{pmatrix} (d-1) \cdot A \\ -\delta \\ H - d \cdot A - \rho \end{pmatrix}.$$

Wieder ist es so, dass die beiden Vektoren $\begin{pmatrix} A \cdot (u-1) \\ u \cdot A - G - \delta \\ -\rho \end{pmatrix}$ und $\begin{pmatrix} A \cdot (d-1) \\ -\delta \\ H - d \cdot A - \rho \end{pmatrix}$ einen

Winkel von $180°$ einschließen müssen.

Im Call-Fall mussten die Vektoren $\begin{pmatrix} (u-1) \cdot A \\ u \cdot A - G - \beta \end{pmatrix}$ und $\begin{pmatrix} (d-1) \cdot A \\ -\beta \end{pmatrix}$ und im Put-Fall

die beiden Vektoren $\begin{pmatrix} (u-1) \cdot A \\ -\mu \end{pmatrix}$ und $\begin{pmatrix} (d-1) \cdot A \\ H - d \cdot A - \mu \end{pmatrix}$ jeweils einen Winkel von $180°$

einschließen.
Daher ist

$$\delta = \beta \quad \text{und} \quad \rho = \mu.$$

Es ergeben sich demnach keine anderen Optionspreise als oben.

3. Wie ermittelt man u und d?

3.1. Modellierung der Aktienkurs-Quotienten

Die Aktienkurse selber vollführen eine vollkommen irregulär erscheinende Bewegung. Etwas mehr Ordnung bekommt man in dieses Auf und Ab, wenn man die Quotienten zweier aufeinander folgender Aktienkurse besichtigt. Die entsprechenden Daten stehen im Internet. Man findet etwa bei

http://de.finance.yahoo.com/q/hp?s=BMW.DE

(Aufruf am 20. 5. 2011) die historischen Aktienkurse von BMW (1. 1. 2003 täglich bis 19. 5. 2011; dabei fehlen natürlich die Wochenenden, an denen nicht gehandelt werden kann). Man kann die Kurse in eine Tabellenkalkulation exportieren und dort aufarbeiten. Ermittelt man die Häufigkeiten der Quotienten (in Excel ist dafür die Array-Funktion „Häufigkeit" das geeignete Werkzeug), so bekommt man folgende Verteilung:

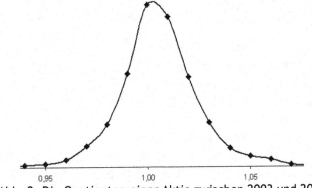

Abb. 2: Die Quotienten einer Aktie zwischen 2003 und 2011

Die Kurve sieht fast aus wie die zur *Normalverteilung* gehörige; es stört allerdings die doch deutlich erkennbare Asymmetrie.

> Nebenher: Die Quotienten können sicherlich nicht global durch eine Normalverteilung beschreiben werden, da man dann auch mit negativen Quotienten rechnen müsste. Man geht daher zu den Logarithmen der Quotienten über und nimmt deren Normalverteilung an. Numerisch macht das bei unserem Beispiel fast keinen Unterschied, so dass ich keine Logarithmen verwenden werde.

Das arithmetische Mittel der Quotienten ist 1; die empirische Standardabweichung hat den Wert 0,022.
Modelliert man die empirische Verteilung durch eine Normalverteilung (mit den Parametern 1 und 0,022), so wird man die Abweichung zwischen Realität (Kurve

mit Punkten) und Modell (Kurve ohne Punkte) anhand der kumulierten Verteilung beurteilen:

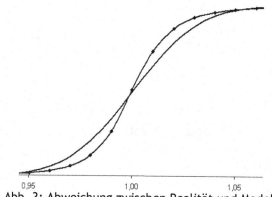

Abb. 3: Abweichung zwischen Realität und Modell

Die Abweichung lässt sich verringern, wenn man die Standardabweichung auf 0,018 verkleinert. Aber auch dann gibt es noch deutliche Unterschiede zwischen Realität und Modell. Dies hat manche Autoren dazu geführt, die Annahme der Normalverteilung ganz zu verwerfen. Adelmeyer/Warmuth (2003) schreiben auf S. 79:

> „Die finanzmathematische Forschung verwendet heute (...) Verteilungen, die ein besseres Modell liefern (...)."

> „In der Realität (kommen) extreme Kursveränderungen weit häufiger vor, als von der Normalverteilung vorgesehen" (Mallaby 2011; S. 355).

Ein ganz anderer Ansatz zur Modellierung von Aktienkursen findet sich bei Mandelbrot (1999), der schon frühzeitig mit den Werten an den Rändern der Normalverteilung unzufrieden war (vgl. auch MacKenzie 2008; S. 108-118).

Aber auch, wenn man bei der Normalverteilung bleibt, lässt sich die Vorgehensweise sehr verfeinern (bis hin zum Black-Scholes-Modell für Aktienrenditen). Dies dürfte nicht mehr schulnah sein; ich verweise auf die angegebene Literatur (insbesondere Adelmeyer/Warmuth 2003, Hull [7]2009 und Kremer 2006).

Aber auch wenn man noch so sehr verfeinert:

> „Es gibt für die Finanzmärkte nicht das eine 'richtige' mathematische Modell. Jedes Modell ist in irgendeinem Sinne 'naiv' und kann gefährlich werden, wenn es mit der Realität verwechselt wird und dadurch Scheuklappen erzeugt. Trotzdem sind mathematische Modelle unentbehrlich - als Scheinwerfer auf unterschiedliche Phänomene, als Stresstests für heuristische Argumente und Strategien, also als Orientierungshilfen zum Verständnis komplexer Zusammenhänge und zur Vorbereitung vernünftiger Entscheidungen. Es kommt aber darauf an, mathematische Modelle mit der nötigen Flexibilität und mit interdisziplinär geschultem Augenmaß zu benutzen." (Föllmer 2011; S. 7)

Zurück zur Realität! Man findet viele weitere historische Kursverläufe unter
    http://de.finance.yahoo.com).

Wie kommt man nun zu u und d? Natürlich ist hierfür ein Modell erforderlich:

3.2. Arbeiten mit den historischen Kursen

Es ist naheliegend, u und d als Mittelwerte von historischen Quotienten anzunehmen.

Wenn die Aktie steigt, wenn man sich also auf der rechten Seite von Abb. 2 befindet, ist der durchschnittliche Wert der Quotienten so groß wie 1,016. Daher ist es sinnvoll, für u diesen Wert anzunehmen.

Wenn die Aktie fällt, ist der durchschnittliche Wert der Rendite so groß wie 0,985; damit hat man eine Schätzung für d.

Dabei bezieht sich die Angabe von u und d naturgemäß auf jeweils einen Tag.

Wenn man ein aufwändigeres Modell der Aktienkurse zur Verfügung hat, lässt sich die Ermittlung von u und d auch aufwändiger gestalten (vgl. die angegebene Literatur; vor allem Adelmeyer/Warmuth 2003, Hull [7]2009 und Kremer 2006).

Aber egal, wie man es macht: Man sollte nie voraussetzen, dass man die Wahrscheinlichkeitsverteilung im Griff hat; das ist

> „de facto meistens nicht der Fall, schon gar nicht im Vorfeld einer Krise. (…) Der Übergang von historischen Daten und den daraus gewonnenen empirischen Verteilungen zu einem wahrscheinlichkeitstheoretischen Modell für die zukünftige Entwicklung setzt implizit immer ein gewisses Maß an Stationarität voraus, eine Annahme, die gerade auf den Finanzmärkten äußerst heikel ist und bei jeder Krise, sozusagen per Definition, über den Haufen geworfen wird." (Föllmer 2011; S. 6 und 7).

Wie viele historische Aktien soll man zur Schätzung von u und d nehmen? Wenn n sehr groß ist, bekommt man zwar eine auf den ersten Blick „genaue" Schätzung, nimmt dabei aber in Kauf, Uralt-Kurse berücksichtigen zu müssen, die für die Prognose zukünftiger Entwicklungen irrelevant sind. Für die Wahl von n kann es keine allgemeinverbindliche Richtschnur geben. Hull [7]2009 schlägt auf S. 354 u.a. vor, die letzten 90 bis 180 Kurse zu verwenden.

4. Leverage

4.1. Der Call-Fall

Bleiben wir bei unserem Call-Szenario!

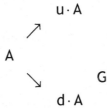

$$
\begin{array}{ccc}
 & & u \cdot A \\
 & \nearrow & \\
A & & G \\
 & \searrow & \\
 & & d \cdot A
\end{array}
$$

Max und Moritz investieren zum Zeitpunkt 0 beide den gleichen Geldbetrag w für Aktien und Call-Optionen. Max kauft nur Aktien, Moritz nur Call-Optionen.

Für den Betrag w bekommt Max i Aktien; für den gleichen Betrag bekommt Moritz j Optionen. Es ist also $w = i \cdot A = j \cdot \beta$. Dabei war nach den früheren Überlegungen

$$\beta = \frac{1-d}{u-d} \cdot (u \cdot A - G).$$

Zum Zeitpunkt 1 gibt es die beiden nunmehr gut bekannten Möglichkeiten:

	Wert der Aktie	Wert der Call-Option
	$u \cdot A$	$u \cdot A - G$

A

| | $d \cdot A$ | 0 |

Steigt die Aktie auf $u \cdot A$, gewinnt Max

$$\text{Gewinn}_{\text{Max}} = i \cdot A \cdot (u-1) = j \cdot \beta \cdot (u-1),$$

und Moritz gewinnt

$$\text{Gewinn}_{\text{Moritz}} = j \cdot (u \cdot A - G - \beta) = j \cdot \beta \cdot \left(\frac{u-d}{1-d} - 1 \right) = j \cdot \beta \cdot \frac{u-1}{1-d}.$$

Offenbar ist

$$\text{Gewinn}_{\text{Max}} = (1-d) \cdot \text{Gewinn}_{\text{Moritz}};$$

Moritz gewinnt also mehr als Max.

Fällt die Aktie auf $d \cdot A$, verliert Max

$$\text{Verlust}_{\text{Max}} = i \cdot A \cdot (1-d) = j \cdot \beta \cdot (1-d),$$

und Moritz verliert

$$\text{Verlust}_{\text{Moritz}} = j \cdot \beta.$$

Nun verliert Moritz mehr als Max (mit dem gleichen Faktor wie beim Gewinn). Somit gilt: Wenn die Aktie steigt, gewinnt Moritz mehr als Max. Wenn die Aktie fällt, verliert Moritz mehr als Max.

Mit Call-Optionen wird man also *viel schneller* reich (und auch *viel schneller* arm!) als mit Aktien. Diese Hebelwirkung nennt man *Leverage*.

4.2. Der Put-Fall

Maria hat den obigen Geldbetrag w in k Put-Optionen investiert; es ist demnach

$$w = i \cdot A = j \cdot \beta = k \cdot \mu \text{ mit } \mu = \frac{u-1}{u-d} \cdot (H - d \cdot A).$$

	Wert der Aktie	Wert der Put-Option
	$u \cdot A$	0

A

| | $d \cdot A$ | $H - d \cdot A$ |

Falls die Aktie auf $u \cdot A$ steigt, verliert Maria

$$\text{Verlust}_{\text{Maria}} = k \cdot \mu = i \cdot A.$$

Daher ist

$$(u-1) \cdot \text{Verlust}_{\text{Maria}} = \text{Gewinn}_{\text{Max}}.$$

Da $u-1$ alle positiven Werte annehmen kann, lässt sich nicht allgemein sagen, dass Maria weniger oder mehr gewinnt als Max verliert.

Falls die Aktie auf $d \cdot A$ fällt, gewinnt Maria

$$\text{Gewinn}_{\text{Maria}} = k \cdot (H - d \cdot A - \mu) = k \cdot \mu \cdot \left(\frac{u-d}{u-1} - 1\right) = i \cdot A \cdot \frac{1-d}{u-1}.$$

Nun ist

$$(u-1) \cdot \text{Gewinn}_{\text{Maria}} = \text{Verlust}_{\text{Max}}.$$

Bei Put-Optionen kann man daher nur für $u < 2$ sagen, dass man mit ihnen schneller reich oder schneller arm wird als mit Aktien; die Voraussetzung „$u < 2$" ist in der Praxis allerdings in den allermeisten Fällen erfüllt.

4.3. Auswirkungen

Wir haben gesehen, dass Optionen als Versicherungsinstrumente sinnvoll sein können.

> „Dass sie de facto auch ganz anders benutzt werden, nämlich sozusagen 'ohne Netz' zur Konstruktion von aggressiven Wetten mit möglichst hoher Hebelwirkung, steht auf einem anderen Blatt" (Föllmer 2011; S. 4).

Deutlicher kann man nicht beschreiben, dass jedes sinnvolle Werkzeug auch missbraucht werden kann. Allerdings war der Missbrauch von Optionen wohl nicht der auslösende Brandherd der jüngsten Finanzkrise, wie Föllmer an derselben Stelle bemerkt. Auf jeden Fall gab es

> „kein Problem der unzureichenden mathematischen Analyse" der Optionen (Föllmer 2011; S. 4).

Das Werkzeug Option lädt auch zur Sorglosigkeit ein:

> „Allein die Tatsache, dass ein quantitatives Modell benutzt wird und die entsprechende Software installiert ist, erzeugt oft ein übertriebenes Gefühl der Sicherheit und Kontrolle" (Föllmer 2011; S. 5).

5. Das Binomialmodell für Call-Optionen

5.0. Einleitung

Bisher haben wir nur die Zeitpunkte 0 und 1 betrachtet (und so getan, als gäbe es für die Aktienentwicklung nur zwei Möglichkeiten). Eine etwas stärkere Annäherung an die Realität bekommt man, wenn man noch den Zeitpunkt 2 mit in Betracht zieht und sich überlegt, welchen Wert eine Call-Option zum Zeitpunkt 0 hätte, die zum Zeitpunkt 2 einen gewissen Gewinn garantiert.

Gemäß unserer Modellierung von u und d wird die Aktie zwischen den Zeiträumen 1 und 2 auch entweder mit dem Faktor u steigen oder mit dem Faktor d fallen können. Dass es sich hier um ein Modell handelt, ist schon daran zu sehen, dass es zum Zeitpunkt 2 für den Aktienkurs nur drei Möglichkeiten gibt.

Diese sich an der Binomialverteilung orientierende Modellierung des Aktienverlaufs geht auf *Cox*, *Ross* und *Rubinstein* zurück.

Da die Wahrscheinlichkeiten, mit denen das passieren kann, schon bei der alleinigen Betrachtung der Zeitpunkte 0 und 1 keine Rolle gespielt hatten, wird man sie auch hier außer Acht lassen dürfen. Wir haben demnach die folgenden Möglichkeiten:

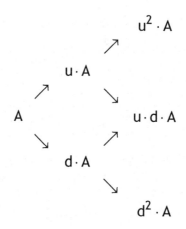

Eine Call-Option hat zu den Zeitpunkten 0, 1 und 2 ebenfalls unterschiedliche Werte. Da man auch zum Zeitpunkt 1 mit ihr handeln kann, müssen wir alle Optionswerte kennen. Wir benennen die Optionswerte wie folgt:

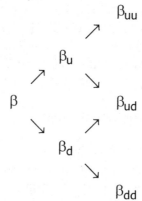

Es wird $\beta_{dd} = 0$ sein; die Rechnungen werden jedoch ganz allgemein durchgeführt, damit das immer gleiche Schema besser erkennbar ist.

5.1. Die Wertentwicklung einer Call-Option

Wir fangen am Ende an, da die Werte

$$\beta_{uu} = \max\left(0, u^2 \cdot A - G\right)$$

$$\beta_{ud} = \max\left(0, u \cdot d \cdot A - G\right)$$

$$\beta_{dd} = \max\left(0, d^2 \cdot A - G\right)$$

bekannt sind.

Zum Zeitpunkt 1 hat Hans den Guthabenvektor $\left(x \cdot \boxed{u \cdot A};\ y \cdot \boxed{\beta_u}\right)$ oder $\left(x \cdot \boxed{d \cdot A};\ y \cdot \boxed{\beta_d}\right)$. Beginnen wir mit der Entwicklung der ersten Möglichkeit:

$$\left(x \cdot \boxed{u^2 \cdot A};\ y \cdot \boxed{\beta_{uu}}\right)$$

$$\nearrow$$

$$\left(x \cdot \boxed{u \cdot A};\ y \cdot \boxed{\beta_u}\right)$$

$$\searrow$$

$$\left(x \cdot \boxed{u \cdot d \cdot A};\ y \cdot \boxed{\beta_{ud}}\right)$$

Da es keine Arbitrage-Möglichkeit geben darf, müssen die Vektoren $\begin{pmatrix} u \cdot A \cdot (u-1) \\ \beta_{uu} - \beta_u \end{pmatrix}$

und $\begin{pmatrix} u \cdot A \cdot (d-1) \\ \beta_{ud} - \beta_u \end{pmatrix}$ einen Winkel von $180°$ einschließen, was auf

$$\beta_u = \frac{\beta_{ud} \cdot (u-1) + \beta_{uu} \cdot (1-d)}{u-d}$$

führt. Analog folgt die Beziehung

$$\beta_d = \frac{\beta_{dd} \cdot (u-1) + \beta_{ud} \cdot (1-d)}{u-d}$$

sowie

$$\beta = \frac{\beta_d \cdot (u-1) + \beta_u \cdot (1-d)}{u-d} = \frac{\beta_{dd} \cdot (u-1)^2 + 2 \cdot \beta_{ud} \cdot (u-1) \cdot (1-d) + \beta_{uu} \cdot (1-d)^2}{(u-d)^2}.$$

Es ist offensichtlich, wie sich dies Schema fortsetzen wird, wenn man mehr Zeitpunkte in Betracht zieht.

Mit den schon von Früherem her bekannten (*formalen*) Wahrscheinlichkeiten

$p^* = \dfrac{1-d}{u-d}$ und $q^* = \dfrac{u-1}{u-d}$ schreibt sich das Ergebnis auch als

$$\beta = (p^*)^2 \cdot \beta_{uu} + 2 \cdot p^* \cdot q^* \cdot \beta_{ud} + (q^*)^2 \cdot \beta_{dd}$$

$$= E^* (\text{Optionswert zum Zeitpunkt 2})$$

Eine analoge Beziehung spielte schon eine Rolle, als nur die Zeitpunkte 0 und 1 betrachtet wurden.

5.2. Verallgemeinerung

Der Wert einer Call-Option, deren Garantie-Leistung man zum Zeitpunkt n in Anspruch nehmen möchte, wenn man auch zu den Zeitpunkten 1; 2; ...; n−1 handeln darf, ist gegeben durch

$$\beta = \sum_{i=0}^{n} \binom{n}{i} \cdot (p^*)^i \cdot (q^*)^{n-i} \cdot \max\left(0, u^i \cdot d^{n-i} \cdot A - G\right)$$

mit $p^* = \dfrac{1-d}{u-d}$ und $q^* = \dfrac{u-1}{u-d}$.

6. Didaktische Bemerkungen

Selbstverständlich ist im Zeitalter von Schulzeitverkürzung, Zentralabitur und immer rigider werdenden Lehrplänen für die dargestellten Inhalte kaum noch Platz im Schulunterricht. Aber auch früher, als der Mathematikunterricht noch atmen durfte und noch nicht in sein heutiges Prokrustes-Bett gezwängt war, hatte die Optionspreis-Berechnung kaum einen Stellenwert im Mathematikunterricht:

Der nicht zu vernachlässigende formale Aufwand erschwert die *Zugänglichkeit*. Doch selbst, wenn das anders wäre: Dass ein Thema unterrichtet werden *kann*, ist kein hinreichendes didaktisches Argument dafür, dass dies Thema auch unterrichtet werden *muss*.

Die *Zukunftsbedeutung* des Themas ist für den durchschnittlichen Schüler eher marginal, und auch die Transfermöglichkeit der Methode ist für ihn begrenzt.

Die *Verknüpfbarkeit* zu anderen Bereichen der Schulmathematik ist allerdings vorhanden: Bernoulli-Experimente und Binomialverteilung werden in der Sek II auf jedem Niveau behandelt.

Der entscheidende Grund, der Optionspreis-Berechnung einen Platz im Curriculum zuzuweisen, besteht darin, einen exemplarischen kleinen Einblick in die Welt der Derivate (wie Optionen) und Hedgefonds (die durch den Einsatz von Derivaten und Leerverkäufen charakterisiert sind) tun zu können, zumal die Krisen der Finanzmärkte heute leider fast jeden Tag in der Zeitung stehen. Was Optionen und Leerverkäufe eigentlich sind und vor allem: Was man mit ihnen alles machen kann, welche Hebelwirkung (Leverage) man erzielen kann, dies alles hat mittlerweile ein größeres allgemeines Interesse hervorgerufen.

Und sollte an der Schule regelmäßig ein Börsen-Planspiel durchgeführt werden, ist die Motivation für die Schülerinnen und Schüler selbstverständlich noch größer, sich mit den hier vorgestellten Inhalten zu beschäftigen.

Literatur

Adelmeyer, M. / Warmuth, E. (2003). Finanzmathematik für Einsteiger. Braunschweig usw.: Vieweg.

Biagini, F. / Rost, D. (2013). Money out of nothing? - Prinzipien und Grundlagen der Finanzmathematik. In: Mitteilungen der DMV 21; S. 18 - 22.

Föllmer, H. (2011). Alles richtig und trotzdem falsch? In: Stochastik in der Schule 31(1); S. 2 - 8.

Hull, John C. ([7]2009). Optionen, Futures und andere Derivate. München: Pearson.

Kremer, J. (2006). Einführung in die Diskrete Finanzmathematik. Berlin usw.: Springer.

MacKenzie, D. (2008). An engine, not a camera. How financial models shape markets. Cambridge, Mass.: MIT Press (Original von 2006).

Mallaby, Sebastian (2011). Mehr Geld als Gott. München: FinanzBuch Verlag.

Mandelbrot, B. (1999). A multifractal walk down Wall Street. In: Scientific American, February 1999, S. 50 - 53.

Pfeifer, D. (2000). Zur Mathematik derivativer Finanzinstrumente: Anregungen für den Stochastik-Unterricht. In: Stochastik in der Schule 20 (2); S. 25 - 37.

Tietze, J. ([8]2006). Einführung in die Finanzmathematik. Wiesbaden usw.: Vieweg.

Vogl, J. ([5]2010/11). Das Gespenst des Kapitals. Zürich: diaphanes.

Anschrift des Autors:

Dr. Jörg Meyer, Albert-Einstein-Gymnasium Hameln / Studienseminar Hameln
E-Mail: J.M.Meyer@t-online.de

Skalarprodukte und GPS

Jörg MEYER, Hameln

Abstract: Mit einem GPS-Gerät (Global Positioning System) kann man ermitteln, wo genau man sich auf der Erdoberfläche befindet. Das Gerät empfängt Signale von mehreren Satelliten und verarbeitet diese Signale irgendwie. In diesem Beitrag wird dargestellt, dass Skalarprodukte bei diesem „irgendwie" eine entscheidende Rolle spielen. Der Artikel beschränkt sich auf die Positionsbestimmung; der Navigationsaspekt wird nicht berücksichtigt.

1. Die beiden Probleme

Der GPS-Empfänger soll hier G heißen. Er empfängt Signale von mehreren Satelliten. Diese senden ständig ihre Position; G „weiß" also, wo sie sich befinden. Einzelheiten hierzu wurden schon in einem früheren Istron-Band (Haubrock 2000) sowie auch in dem hier vorliegenden Pelz 2012) behandelt.

Bei G kommt eine Überlagerung verschiedener Signale (von mehreren Satelliten und vielleicht auch noch aus anderen Quellen) an. Wie findet man aus diesem Summensignal dasjenige Signal heraus, das von einem bestimmten Satelliten kommt? Dies ist das *erste Problem*.

Jedem Satelliten ist dauerhaft eine bestimmte Signal-*Sequenz* U von n Einzelsignalen zugeordnet (so, wie jedem Auto dauerhaft ein bestimmtes Kennzeichen zugeordnet ist). Jeder Satellit sendet immer wieder und ununterbrochen „seine" Sequenz U aus. Beispielsweise könnte ein bestimmter Satellit die Sequenz U = 0101100 haben (in Wirklichkeit bestehen die Sequenzen aus 1023 Einzelsignalen); G würde (wenn es nur diesen einen Satelliten gäbe) das Muster wie in Abb. 1 empfangen:

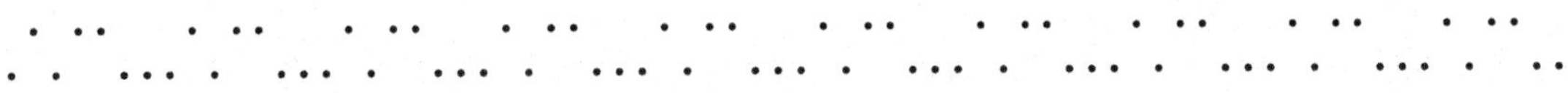

Abb. 1: Ein Sendemuster, das aus einer ständig wiederholten Sequenz gebildet ist

Um später Laufzeitaussagen machen zu können, wäre es ganz gut, wenn G aus dem empfangenen Muster ermitteln könnte, wo jeweils die Sequenzen ihren Anfang haben. Anders gesagt: G sollte die weißen Kreise identifizieren können (Abb. 2).

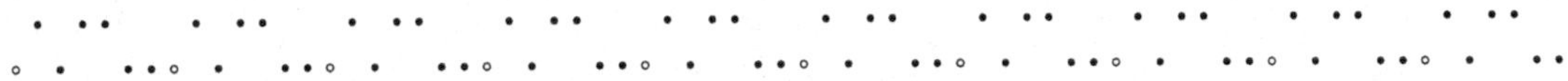

Abb. 2: Dasselbe Sendemuster mit gekennzeichneten Sequenzanfängen

Dies ist das *zweite Problem*. Selbstverständlich ist es unlösbar, wenn die Sequenz 0000000 oder 1111111 lautet.

Beide Probleme werden in umgekehrter Reihenfolge behandelt.

2. Lösung des zweiten Problems

Der Empfänger G muss „wissen", dass der in Rede stehende Satellit die Sequenz U = 0101100 hat.

Wären die weißen Kreise immer zwei Stellen später anzutreffen, hätte man es mit der Sequenz U_2 = 0110001 zu tun, die aus U durch eine zyklische Verschiebung um 2 Stellen hervorgeht.

Wie kann man die Signalfolgen U und U_2 miteinander vergleichen? Eine einfache Idee besteht darin, die Anzahl der Stellen mit übereinstimmenden Einträgen zu zählen.

Beispiel:

U	0	1	0	1	1	0	0
U_2	0	1	1	0	0	0	1
Übereinstimmung?	ja	ja	nein	nein	nein	ja	nein

Die Signalfolgen U und U_2 stimmen nur an 3 Stellen überein, können also nicht identisch sein.

Vergleicht man nun $U = U_0$ mit allen zyklischen Verschiebungen, so wird nur U mit sich selber an allen 7 Stellen übereinstimmen.

Das lässt sich gut automatisieren: Die (dem Empfänger G bekannte) Sequenz U wird am gesendeten Muster UU...U schrittweise vorbeigezogen, jeweils die Anzahl der Übereinstimmungen gezählt, und dort, wo sich der Wert 7 ergibt, sind die weißen Punkte.

Abb. 3 zeigt die ersten vier Stationen des Durchschiebens; die übereinstimmenden Stellen sind durch dicke Punkte gekennzeichnet.

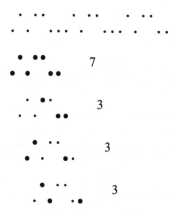

Abb. 3: U wird an UU...U vorbeigezogen

Wie zählt man die Übereinstimmungen? Es liegt nahe, einen Zähler einzuführen, diesen auf 0 zu setzen und dann sukzessive alle Stellen durchzugehen. Stimmen an einer Stelle die beiden Einzel-Signale a und b überein, so wird der Zähler um e = 1 erhöht, sonst um e = 0.

Nun kann man e besonders einfach dann aus a und b ermitteln, wenn a und b nicht die Werte 0 und 1, sondern 1 und −1 annehmen können. Falls a und b übereinstimmen, ist einfach $e = a \cdot b = 1$. Falls a und b nicht übereinstimmen, ist $a \cdot b = -1$. Leider ist nicht durchgängig $a \cdot b = e$:

a	1	1	−1	−1
b	1	−1	1	−1
a·b	1	−1	−1	1
e	1	0	0	1

Diesen Befund braucht man aber nicht als Schönheitsfehler aufzufassen, denn man kann mit dem Produkt a·b trotzdem etwas anfangen:

U	−1	1	−1	1	1	−1	−1
U_2	−1	1	1	−1	−1	−1	1
Einzelprodukt	1	1	−1	−1	−1	1	−1

Zählt man nun alle Einzelprodukte zusammen, ergibt sich der Wert −1. Dieser Wert ist die Differenz

(Anzahl der Übereinstimmungen) minus (Anzahl der Nichtübereinstimmungen).

Die Summe der Einzelprodukte ist das „*Skalarprodukt*" der beiden Signalfolgen. Das Skalarprodukt stellt somit das eingekastelte Abweichungsmaß dar.

Bezüglich U und U_2 ist $U \circ U_2 = 3 - 4 = -1$.

Das Abweichungsmaß einer Signalfolge U mit sich selbst beträgt $U \circ U = 7$; das Abweichungsmaß einer Signalfolge U mit der „invertierten" Signalfolge beträgt $U \circ (-U) = -7$.

Damit ist das zweite Problem gelöst.

3. Eine wichtige Eigenschaft der Sequenzen

Zur Lösung des ersten Problems dürfen die Sequenzen nicht völlig beliebig sein. Dass man mit einer Sequenz, die nur aus der Wiederholung eines einzigen Symbols besteht, nicht viel anfangen kann, leuchtet wohl unmittelbar ein. Aber das reicht nicht:

Beim GPS ist jede Sequenz eine (ein für alle Mal erzeugte) *Zufallsfolge*. Nimmt man nun zwei solche (verschiedenen Satelliten zugeordnete) Zufallsfolgen U und V (jeweils mit Länge n), so wird (aufgrund der Zufälligkeit) etwa die Hälfte aller Signale übereinstimmen und eine Hälfte dieses nicht tun. Anders ausgedrückt:

$$U \circ U = n$$
$$U \circ V \approx 0 \quad \text{für } U \neq V$$

Wenn U_k aus U durch eine zyklische Verschiebung um k Stellen hervorgeht und k kein Vielfaches der Sequenzlänge von U ist, gilt $U \circ U_k \approx 0$, und zwar aus demselben Grund wie oben.

Diese Effekte sind bei einer unrealistisch kurzen Sequenzlänge von 7 kaum zu beobachten. Bei der realistischen Sequenzlänge von 1023 tritt der beschriebene Effekt dann allerdings deutlich ein.

4. Über Summensignale

Zwei Satelliten beginnen synchron mit dem Senden ihrer Sequenzen U und V, die hier der Übersichtlichkeit wegen beide die (unrealistisch kleine) Länge 4 haben sollen. Wenn (wiederum unrealistischerweise) der Empfänger sich genau in der Mitte beider Satelliten befindet, kommen beide Signalfolgen gleichzeitig bei ihm an; er empfängt also das aus

$$U + V$$

bestehende Sendemuster. Kann man aus der Summe die Summanden ermitteln?

Ist $U = \begin{pmatrix} 1 \\ 1 \\ -1 \\ -1 \end{pmatrix}$ und $V = \begin{pmatrix} 1 \\ -1 \\ 1 \\ -1 \end{pmatrix}$, so ist $U + V = \begin{pmatrix} 2 \\ 0 \\ 0 \\ -2 \end{pmatrix}$.

Man möchte wissen, ob U oder V oder $W = \begin{pmatrix} 1 \\ -1 \\ -1 \\ 1 \end{pmatrix}$ Summanden sind: G muss wissen,

ob in der Summe Information der ihn interessierenden Satelliten steckt; diese strahlen U bzw. V aus.

Würde man nun etwa die Anzahl der Übereinstimmungen zwischen $U + V$ und U oder V oder W ermitteln, bekäme man stets 0 heraus; dieses Konzept trägt also nicht weiter.

Auch die modifizierte Version „Anzahl der Übereinstimmungen minus Anzahl der Nichtübereinstimmungen" führt stets zum gleichen Wert, nämlich -4.

Wesentlicher erfolgreicher ist man hingegen mit dem Skalarprodukt, das hier nicht mehr die einfache Deutung „Anzahl der Übereinstimmungen minus Anzahl der Nichtübereinstimmungen" hat: Wegen

$$\left(U + V \right) \circ U = 4$$

$$\left(U + V \right) \circ V = 4$$

$$\left(U + V \right) \circ W = 0$$

weiß man, dass U und V Summanden sind, W hingegen nicht.

Insofern ist das *Skalarprodukt* ein *Summandenerkennungs-Werkzeug*.

Dahinter steckt die Bilinearität des Skalarprodukts: Für große Sequenzlängen n ist

$$\left(U + V \right) \circ U = U \circ U + V \circ U \approx n + 0 = n$$

$$\left(U + V \right) \circ V = U \circ V + V \circ V \approx 0 + n = n$$

$$\left(U + V \right) \circ W = U \circ W + V \circ W \approx 0 + 0 = 0$$

5. Lösung des ersten Problems

Wir stellen uns vor: Zwei Satelliten beginnen synchron mit dem Senden ihrer Sequenzen U und V, die nun die etwas realistischere Länge 19 haben sollen. Da der Empfänger G sich nur in den seltensten Fällen genau in der Mitte beider Satelliten befindet, kommen beide Signalfolgen „phasenverschoben" bei ihm an; er empfängt also etwa das aus

$$S = U_2 + V_4$$

bestehende Sendemuster. Dem Empfänger G sind die Sequenzen U und V bekannt; er benötigt die Phasenverschiebungen.

Man kann nun eindeutig ablesen, dass U mit einer Phasenverschiebung von 2 und V mit einer Phasenverschiebung von 4 oder 8 angekommen ist (diese Mehrdeutigkeit verschwindet bei größerer Sequenzlänge):

```
U:   1 -1 -1 -1  1 -1  1  1  1  1 -1  1  1  1 -1 -1  1 -1 -1
V:   1  1 -1  1 -1  1 -1  1 -1 -1 -1  1  1 -1  1  1  1 -1  1
S:  -2  0  0  0  0  0  0  2  0  0  2  2  0 -2  2  0  0  0  0
```

$S \circ U_0 = -4$	$S \circ U_{10} = -8$	$S \circ V_0 = 4$	$S \circ V_{10} = 4$
$S \circ U_1 = 8$	$S \circ U_{11} = -4$	$S \circ V_1 = 0$	$S \circ V_{11} = -4$
$S \circ U_2 = 12$	$S \circ U_{12} = 0$	$S \circ V_2 = 0$	$S \circ V_{12} = 4$
$S \circ U_3 = -4$	$S \circ U_{13} = -4$	$S \circ V_3 = -8$	$S \circ V_{13} = 0$
$S \circ U_4 = -4$	$S \circ U_{14} = 0$	$S \circ V_4 = 12$	$S \circ V_{14} = -4$
$S \circ U_5 = 8$	$S \circ U_{15} = 0$	$S \circ V_5 = 4$	$S \circ V_{15} = 0$
$S \circ U_6 = -4$	$S \circ U_{16} = 8$	$S \circ V_6 = 0$	$S \circ V_{16} = 0$
$S \circ U_7 = -8$	$S \circ U_{17} = 4$	$S \circ V_7 = -4$	$S \circ V_{17} = 0$
$S \circ U_8 = -4$	$S \circ U_{18} = 4$	$S \circ V_8 = 12$	$S \circ V_{18} = -12$
$S \circ U_9 = 4$		$S \circ V_9 = 4$	

Abb. 4: Die gesendeten Sequenzen und die Skalarprodukte

Das theoretische Maximum der Skalarprodukte (19) wird aufgrund der Störung durch das jeweils andere Signal i.a. über- oder unterschritten.

In der Realität hat man die Summe nicht nur aus zwei, sondern aus vielen Einzelsequenzen, und G möchte berechnen, mit welcher Phasenverschiebung ein bestimmter Summand bei ihm ankommt.

Betrachten wir drei Satelliten, deren Sequenzen U, V, W mit unterschiedlicher Stärke bei G ankommen. G empfängt etwa das aus

$$S = 3 \cdot U_5 + 4 \cdot V_8 + 2 \cdot W_{15}$$

bestehende Sendemuster. Wenn sich die Einzelstärken (3, 4 und 2) nicht allzu sehr unterscheiden (was „allzu sehr" heißt, hängt von n ab), gelingt immer noch die Feststellung, mit welchen Phasenverschiebungen (5, 8 und 15) die Sequenzen bei G eintreffen:

```
U:   1 -1  1  1  1 -1  1 -1 -1 -1  1  1  1  1 -1 -1 -1 -1 -1
V:  -1  1  1  1 -1  1 -1 -1  1 -1 -1  1 -1  1 -1  1  1 -1  1
W:  -1  1  1  1 -1  1 -1 -1  1 -1 -1  1 -1  1 -1  1  1 -1  1
S:   3 -3 -9 -1 -9  9  1  5  9 -5  3 -5  3  3  5 -9  9 -3  1
```

$S \circ U_0 = -29$	$S \circ U_{10} = -53$	$S \circ V_0 = 1$	$S \circ V_{10} = 29$	$S \circ W_0 = -13$	$S \circ W_{10} = -17$
$S \circ U_1 = -21$	$S \circ U_{11} = 7$	$S \circ V_1 = -35$	$S \circ V_{11} = 1$	$S \circ W_1 = 27$	$S \circ W_{11} = -21$
$S \circ U_2 = -45$	$S \circ U_{12} = -9$	$S \circ V_2 = 9$	$S \circ V_{12} = -27$	$S \circ W_2 = 11$	$S \circ W_{12} = -1$
$S \circ U_3 = 35$	$S \circ U_{13} = 35$	$S \circ V_3 = 13$	$S \circ V_{13} = 9$	$S \circ W_3 = -49$	$S \circ W_{13} = -1$
$S \circ U_4 = -21$	$S \circ U_{14} = 15$	$S \circ V_4 = -11$	$S \circ V_{14} = 13$	$S \circ W_4 = -1$	$S \circ W_{14} = 7$
$S \circ U_5 = 59$	$S \circ U_{15} = 15$	$S \circ V_5 = 13$	$S \circ V_{15} = -7$	$S \circ W_5 = -37$	$S \circ W_{15} = 55$
$S \circ U_6 = 11$	$S \circ U_{16} = 27$	$S \circ V_6 = 17$	$S \circ V_{16} = 21$	$S \circ W_6 = -29$	$S \circ W_{16} = -9$
$S \circ U_7 = 11$	$S \circ U_{17} = -1$	$S \circ V_7 = -39$	$S \circ V_{17} = -15$	$S \circ W_7 = 51$	$S \circ W_{17} = 11$
$S \circ U_8 = -45$	$S \circ U_{18} = 7$	$S \circ V_8 = 89$	$S \circ V_{18} = -19$	$S \circ W_8 = -5$	$S \circ W_{18} = 23$
$S \circ U_9 = -5$		$S \circ V_9 = -55$		$S \circ W_9 = 19$	

Abb. 5: Drei Quellen

6. Positionsbestimmung

Was hat man eigentlich von den Phasenunterschieden? Lassen sie sich zur Positionsbestimmung nutzen, und wenn ja, wie?

Die Vorgehensweise lässt sich schon verdeutlichen, wenn man die Gegebenheiten auf den eindimensionalen Fall reduziert: Wie bestimmt man die genaue Lage auf einer Geraden? Hier gibt es zwei Möglichkeiten:

a. Der Empfänger G möchte seinen Abstand x vom Satelliten S_1 ermitteln. S_1 beginnt zum Zeitpunkt t_0, seine Signalfolgen abzustrahlen; diese erreichen den Punkt G zum Zeitpunkt t_1. Die Signale haben den Weg

$$x = (t_1 - t_0) \cdot c \qquad (1)$$

zurückgelegt; dabei ist $c \approx 3 \cdot 10^8$ m/s die *Lichtgeschwindigkeit*. (Zur genaueren Ortung braucht man den genaueren Wert $c \approx 2{,}99792458 \cdot 10^8$ m/s.)

Wenn der GPS-Empfänger ebenfalls über eine ganz genau gehende Uhr verfügt (was in der Praxis nicht der Fall ist), die zudem mit der Satellitenuhr synchronisiert ist, so lässt sich x eindeutig bestimmen.

b. Man braucht t_0 nicht zu kennen, wenn man einen zweiten Satelliten S_2 verwendet: Die beiden Satelliten S_1 und S_2 beginnen synchron zum Zeitpunkt t_0, ihre Signalfolgen abzustrahlen. Die Voraussetzung, dass beide Satelliten ihre Signalfolgen synchron abstrahlen können, ist gewährleistet (die Satelliten haben Atomuhren an Bord). Beide Satelliten haben voneinander den (bekannten!) Abstand a.

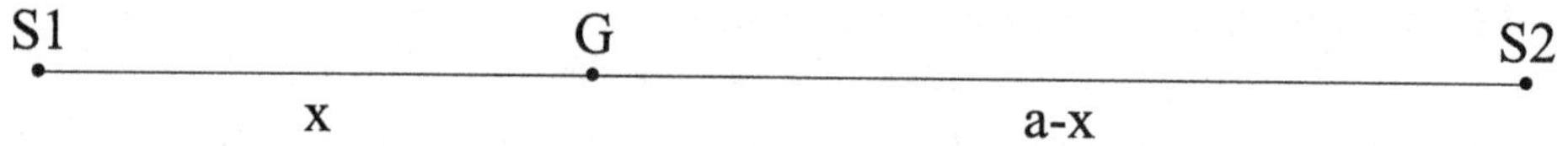

Abb. 6: Eindimensionale Positionsbestimmung

Das von S_2 ausgesandte Signal ist zum Zeitpunkt t_2 bei G; es hat den Weg

$$a - x = (t_2 - t_0) \cdot c \qquad (2)$$

zurückgelegt.

Da nun mit (1) und (2) zwei Gleichungen vorliegen, lässt sich aus ihnen t_0 eliminieren. Das Ergebnis ist

$$\boxed{x = \frac{a}{2} - (t_2 - t_1) \cdot \frac{c}{2}}.$$

Würden beide Signalfolgen gleichzeitig bei G ankommen, wäre G genau in der Mitte zwischen den beiden Satelliten ($x = \frac{a}{2}$).

Bekannt ist nur die Phasenverschiebung. Wie bekommt man daraus die entscheidende Größe $t_2 - t_1$?

Hierzu muss man wissen: Jeder Satellit strahlt $1{,}023 \cdot 10^6$ Einzelsignale pro Sekunde ab. (Er strahlt demnach 1000 Sequenzen pro Sekunde ab, da jede Sequenz aus 1023 Einzelsignalen besteht.)

Wenn die gemessene Phasenverschiebung φ beträgt, ist demnach

$$t_2 - t_1 = \frac{\varphi}{1{,}023 \cdot 10^6} s$$

und mithin

$$x \approx \frac{a}{2} - \frac{\varphi}{10^6}\, s \cdot 1{,}5 \cdot 10^8\, \frac{m}{s} = \frac{a}{2} - \varphi \cdot 150\,m\,.$$

Hier wird man gleich zwei Einwände vorbringen:

a. Man kann die Phasenverschiebung nur bis auf Vielfache von 1023 messen; sie könnte also statt den Wert φ auch den Wert $\varphi + 1023$ haben. Daher kann man auch $t_2 - t_1$ nur bis auf Vielfache von etwa einer Millisekunde messen. Ein Unterschied von einer Millisekunde führt zu einer x-Abweichung von

$$\frac{1023}{10^6}\, s \cdot 1{,}5 \cdot 10^8\, \frac{m}{s} \approx 150\,km\,.$$

Diese Mehrdeutigkeit kann gelöst werden:

(1) Da der GPS-Empfänger die Orte speichert, an denen man kurz vorher war, „kennt" er den ungefähren Standort.

(2) Wenn man mit ausgeschaltetem GPS-Empfänger eine längere Strecke zurückgelegt hat, dauert die Positionsbestimmung erfahrungsgemäß deutlich länger. Da die Satelliten nicht nur die erwähnten Signal-Sequenzen aussenden, sondern auch andere (mit anderen Frequenzen), bekommt der Empfänger zusätzliche Information, so dass (mit etwas aufwändigen mathematischen Verfahren, die etwa in Bauer ([3]1994; S. 169-177) dargestellt werden) die Eindeutigkeit gelingt.

b. Zwei benachbarte Phasendifferenzen unterscheiden sich um 1 Signal und führen zu einem Ortsunterschied von 150 Metern. Aber so schlecht sind doch die Navis gar nicht! Die Antwort ist: Die Phasendifferenzen haben als kleinsten Wert nicht ein Signal, sondern Bruchteile davon, so dass sich der Ortsunterschied auf wenige Meter reduziert. Mit den heutzutage üblichen „differentiellen GPS-Systemen" ist das kein Problem mehr.

7. Abschließende Bemerkungen

Woher „weiß" der Empfänger, wo der betreffende Satellit sich gerade befindet? Der Satellit hat einen Computer an Bord und befindet sich zudem in Kontakt mit Bodenstationen - gleichwohl ist die Bestimmung der Satellitenposition eine nichttriviale Aufgabe, die hier nicht erörtert werden soll; sie wird noch schwieriger, wenn sich Satellit und GPS-Empfänger bewegen. Es bleibt das Problem, wie der Satellit seine Position dem GPS-Empfänger mitteilt. Technisch wird es so gelöst, dass die Satelliten-Position der Sequenzenfolge „aufmoduliert" wird. Eine sehr vereinfachte Version funktioniert folgendermaßen:

Nehmen wir an, die Position sei durch 1 / −1 / −1 / 1 codiert (natürlich kommt man in Wirklichkeit nicht mit solch kurzen Codes aus).

Da bei der oben geschilderten Erkennung der Phasenverschiebung nicht nur das Maximum der Skalarprodukte gefunden werden konnte, sondern sogar das Maximum der Absolutbeträge, kann man die erste Sequenz mit 1 multiplizieren, die zweite mit -1 und so weiter. Für die kurze Beispielsequenz in Abb. 7

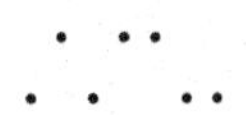

Abb. 7: Beispielsequenz

hätte man dann das Sendemuster von Abb. 8.

Abb. 8: Sequenzfolge mit Information

Da man mit analogen Verfahren wie oben berechnen kann, wo die senkrechten Striche der Abb. 8 zu verorten sind, kann der Empfänger G ermitteln, wo sich der zur Sequenz von Abb. 7 gehörige Satellit befindet.

Literatur

Bauer, M. (^{3}1994). Vermessung und Ortung mit Satelliten. Heidelberg: Wichmann Verlag.

Bossert, M. / Bossert, S. (2010). Mathematik der digitalen Medien. Berlin: VDE Verlag.

Haubrock, D. (2000). GPS in der Analytischen Geometrie. In ISTRON 6. Hildesheim: Franzbecker.

Mansfeld, W. (^{2}2004). Satellitenortung und Navigation. Wiesbaden: Vieweg.

Pelz, H.-D. (2012). Geocaching: Koordinaten, Gleichungen und mehr. In diesem Band.

Anschrift des Autors:
Dr. Jörg Meyer, Albert-Einstein-Gymnasium Hameln / Studienseminar Hameln
E-Mail: J.M.Meyer@t-online.de

Eigenschaften von Projektionen

Jörg MEYER, Hameln

Abstract: Bei geraden Parallelprojektionen bekommt man kein realistisches Bild eines Quaders mit rechten Winkeln. Dies ist nur bei schrägen Parallelprojektionen oder bei Zentralprojektionen möglich. Der Hauptteil des Artikels besteht in der Untersuchung der unterschiedlichen Fluchtpunkt-Konstellationen bei Zentralprojektionen. Hierbei ist das Zusammenspiel von Geometrie-Software und einem Computer-Algebra-System erkenntnis-fördernd.

0. Bezeichnungen

Projektionen lassen sich gut mit Hilfe von Vektorgeometrie beschreiben. Punkte und (Orts-)Vektoren werden hier miteinander identifiziert; ein typischer Punkt ist

$$X = \begin{pmatrix} x_1 \\ x_2 \\ x_3 \end{pmatrix}.$$

1. Gerade Parallelprojektionen

Die Originalpunkte P werden senkrecht auf eine Projektionsebene projiziert. In Abb. 01 werden die ausgefüllten Punkte auf die untere Ebene projiziert; die Bild-punkte sind nicht ausgefüllt.

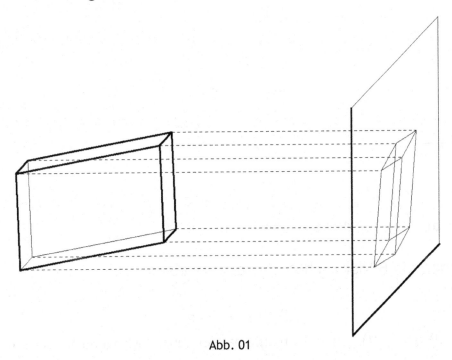

Abb. 01

Da zueinander parallele Projektionsebenen dasselbe Bild ergeben, kann man sich auf den Fall beschränken, dass die Projektionsebene durch den Ursprung geht und

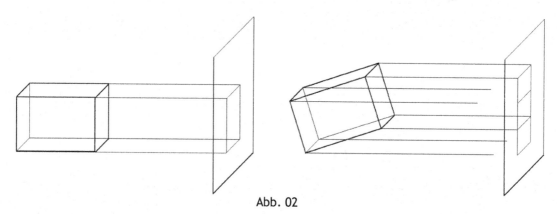

somit die Gleichung $X \cdot N = 0$ mit $N = \begin{pmatrix} n_1 \\ n_2 \\ n_3 \end{pmatrix}$ hat. Da N nicht der Nullvektor sein darf,

kann man annehmen, dass $N^2 = 1$ ist; dies wird die Rechnungen sehr vereinfachen.

Der zum Punkt P gehörige Projektionsstrahl hat den allgemeinen Punkt $X = P + t \cdot N$; er schneidet die Projektionsebene für $t = -P \cdot N$ in $\boxed{\gamma(P) = P - (P \cdot N) \cdot N}$.

Die einen Würfel aufspannenden Einheitsvektoren

$$U = \begin{pmatrix} 1 \\ 0 \\ 0 \end{pmatrix}; \quad V = \begin{pmatrix} 0 \\ 1 \\ 0 \end{pmatrix}; \quad W = \begin{pmatrix} 0 \\ 0 \\ 1 \end{pmatrix}$$

werden abgebildet auf

$$\gamma(U) = \begin{pmatrix} 1 \\ 0 \\ 0 \end{pmatrix} - n_1 \cdot N; \quad \gamma(V) = \begin{pmatrix} 0 \\ 1 \\ 0 \end{pmatrix} - n_2 \cdot N; \quad \gamma(W) = \begin{pmatrix} 0 \\ 0 \\ 1 \end{pmatrix} - n_3 \cdot N.$$

Bildet man auf diese Weise (mit geeigneter Software) einen Würfel ab, so stutzt man: Egal, wie man den Originalwürfel drehen mag, scheint es nur zwei Möglichkeiten zu geben: Entweder weist das Bild des Würfels keine rechten Winkel auf, oder das Bild ist nur ein Rechteck, das keinen räumlichen Eindruck erzeugt.

Abb. 02

Das führt zur Frage, ob dies tatsächlich immer so ist.

1.1 Können die Bilder rechte Winkel aufweisen?

Wegen

$$\gamma(U) \cdot \gamma(V) = -n_1 \cdot n_2 = 0$$

stehen $\gamma(U)$ und $\gamma(V)$ genau dann aufeinander senkrecht, wenn $n_1 = 0$ oder $n_2 = 0$ gilt.

Es sei nun etwa $n_1 = 0$, also $n_2^2 + n_3^2 = 1$. Dann ist

$$\gamma(W) = \begin{pmatrix} 0 \\ 0 \\ 1 \end{pmatrix} - n_3 \cdot \begin{pmatrix} 0 \\ n_2 \\ n_3 \end{pmatrix} = \begin{pmatrix} 0 \\ -n_2 \cdot n_3 \\ n_2 \cdot n_2 \end{pmatrix} = n_2 \cdot \begin{pmatrix} 0 \\ -n_3 \\ n_2 \end{pmatrix}$$

sowie

$$\gamma(V) = \begin{pmatrix} 0 \\ 1 \\ 0 \end{pmatrix} - n_2 \cdot \begin{pmatrix} 0 \\ n_2 \\ n_3 \end{pmatrix} = -n_3 \cdot \begin{pmatrix} 0 \\ -n_3 \\ n_2 \end{pmatrix} \parallel \gamma(W).$$

Ist $n_2 \cdot n_3 \neq 0$, so hat man wegen $\gamma(V) \parallel \gamma(W)$ keinen räumlichen Eindruck.

Ist $n_2 = 0$, so ist $\gamma(W) = O$, und man hat keinen räumlichen Eindruck.

Ist $n_3 = 0$, so ist $\gamma(V) = O$, und man hat auch hier keinen räumlichen Eindruck.

<u>Fazit</u>: Bei einer geraden Parallelprojektion wird ein Quader niemals so abgebildet, dass gleichzeitig zwei Bildvektoren aufeinander senkrecht stehen und man einen räumlichen Eindruck bekommt.

1.2 Ein Spezialfall

Für $N = \begin{pmatrix} 0 \\ 0 \\ 1 \end{pmatrix}$ und $P = \begin{pmatrix} p_1 \\ p_2 \\ p_3 \end{pmatrix}$ ist $\gamma(P) = \begin{pmatrix} p_1 \\ p_2 \\ p_3 \end{pmatrix} - p_3 \cdot \begin{pmatrix} 0 \\ 0 \\ 1 \end{pmatrix} = \begin{pmatrix} p_1 \\ p_2 \\ 0 \end{pmatrix}.$

2. Schräge Parallelprojektionen

Die Originalpunkte P werden schräg auf eine Projektionsebene projiziert; die Projektionsstrahlen sind alle zueinander parallel.

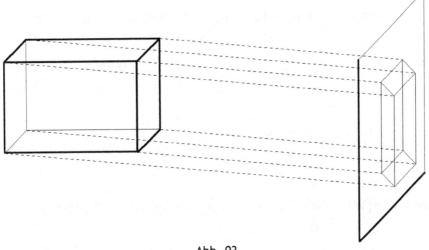

Abb. 03

Wieder kann man annehmen, dass die Projektionsebene durch $X \cdot N = 0$ mit $N = \begin{pmatrix} n_1 \\ n_2 \\ n_3 \end{pmatrix}$ gegeben ist.

Der Richtungsvektor der Projektionsstrahlen sei $R = \begin{pmatrix} r_1 \\ r_2 \\ r_3 \end{pmatrix}$. Da R nicht auf N senk-

recht steht (sonst gäbe es kein Bild), kann man R so wählen, dass $R \cdot N = 1$ ist.

Der zum Punkt P gehörige Projektionsstrahl hat den allgemeinen Punkt $X = P + t \cdot R$; er schneidet die Projektionsebene für $t = -P \cdot N$ in $\boxed{\sigma(P) = P - (P \cdot N) \cdot R}$.

Die einen Würfel aufspannenden Einheitsvektoren

$$U = \begin{pmatrix} 1 \\ 0 \\ 0 \end{pmatrix}; \quad V = \begin{pmatrix} 0 \\ 1 \\ 0 \end{pmatrix}; \quad W = \begin{pmatrix} 0 \\ 0 \\ 1 \end{pmatrix}$$

werden abgebildet auf

$$\sigma(U) = \begin{pmatrix} 1 \\ 0 \\ 0 \end{pmatrix} - n_1 \cdot R; \quad \sigma(V) = \begin{pmatrix} 0 \\ 1 \\ 0 \end{pmatrix} - n_2 \cdot R; \quad \sigma(W) = \begin{pmatrix} 0 \\ 0 \\ 1 \end{pmatrix} - n_3 \cdot R.$$

2.1 Ein Spezialfall: Schrägbilder

Das bekannte *Schrägbild* ordnet sich hier ein: Es ist $N = \begin{pmatrix} 0 \\ 0 \\ 1 \end{pmatrix}$ und

$$\sigma(U) = \begin{pmatrix} 1 \\ 0 \\ 0 \end{pmatrix} = U; \quad \sigma(V) = \begin{pmatrix} 0 \\ 1 \\ 0 \end{pmatrix} = V; \quad \sigma(W) = \begin{pmatrix} 0 \\ 0 \\ 1 \end{pmatrix} - R = W - R.$$

(Für $R = N$ hätte man eine gerade Parallelprojektion, aber dann ist $\sigma(W) = O$.)

Wegen $R \cdot N = 1$ ist $r_3 = 1$. Der Punkt $P = \begin{pmatrix} p_1 \\ p_2 \\ p_3 \end{pmatrix}$ wird abgebildet auf

$$\sigma(P) = P - (P \cdot N) \cdot R = \begin{pmatrix} p_1 \\ p_2 \\ p_3 \end{pmatrix} - p_3 \cdot \begin{pmatrix} r_1 \\ r_2 \\ 1 \end{pmatrix} = \begin{pmatrix} p_1 - p_3 \cdot r_1 \\ p_2 - p_3 \cdot r_2 \\ 0 \end{pmatrix};$$

insbesondere ist $\sigma(W) = \begin{pmatrix} -r_1 \\ -r_2 \\ 0 \end{pmatrix}$. Abb. 04 zeigt verschiedene Beispiele.

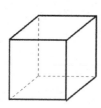 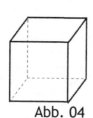 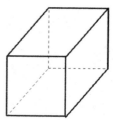

Abb. 04

Fazit: Die Parallelprojektion *muss* schräg sein, damit ein Quader so abgebildet wird, dass gleichzeitig zwei Bildvektoren aufeinander senkrecht stehen und man einen räumlichen Eindruck bekommt.

3. Zentralprojektionen

Die Projektionsebene sei wieder gegeben durch $X \cdot N = 0$ mit $N = \begin{pmatrix} n_1 \\ n_2 \\ n_3 \end{pmatrix}$. Alle Projek-

tionsstrahlen gehen durch den sogenannten *Augenpunkt* $A = \begin{pmatrix} a_1 \\ a_2 \\ a_3 \end{pmatrix}$, der natürlich

nicht in der Projektionsebene liegen soll (es ist also $A \cdot N \neq 0$). Sinnvollerweise liegt die Projektionsebene *zwischen* dem Augenpunkt und dem abzubildenden Objekt.

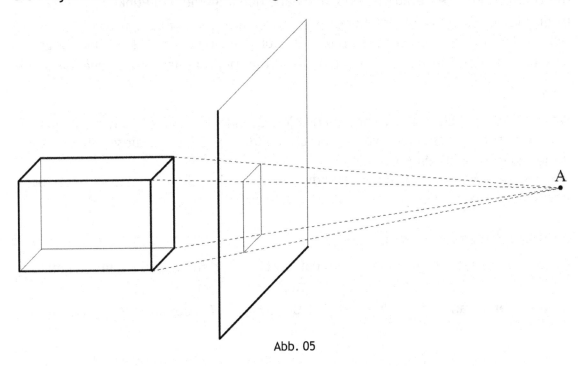

Abb. 05

Zum abzubildenden Punkt $P = \begin{pmatrix} p_1 \\ p_2 \\ p_3 \end{pmatrix}$ gehört der Projektionsstrahl mit dem allgemei-

nen Punkt $X = P + t \cdot (A - P)$. Er schneidet die Projektionsebene für $t = -\dfrac{P \cdot N}{(A - P) \cdot N}$

in $\zeta(P) = P - \dfrac{P \cdot N}{(A - P) \cdot N} \cdot (A - P)$.

P hat unter ζ kein Bild, wenn $(A - P) \cdot N = 0$ ist, wenn also P in der zur Projektions-ebene parallelen und durch A gehenden „*Verschwindungsebene*" mit der Gleichung $X \cdot N = A \cdot N \; (\neq 0)$ liegt.

3.1 Zusammenhang zu Parallelprojektionen

Wandert A auf einer Geraden weg von der Projektionsebene, hat also A die Gestalt $A = s \cdot R$ mit $R \cdot N = 1$, so bekommt man für $s \to \infty$ wegen

$$\zeta(P) = P - \frac{P \cdot N}{(s \cdot R - P) \cdot N} \cdot (s \cdot R - P)$$

$$= P - (P \cdot N) \cdot R \cdot \underbrace{\left(\frac{s}{s - P \cdot N}\right)}_{\downarrow \ s \to \infty} + (P \cdot N) \cdot P \cdot \underbrace{\left(\frac{1}{s - P \cdot N}\right)}_{\downarrow \ s \to \infty} \xrightarrow{\ s \to \infty\ } P - (P \cdot N) \cdot R$$
$$\hspace{4.5cm} 1 \hspace{5.5cm} 0$$

die schiefe Parallelprojektion (und für $R = N$ die gerade Parallelprojektion).

3.2 Wie werden Geraden abgebildet?

Die zu projizierende Gerade heiße g und habe den allgemeinen Punkt $P_\lambda = B + \lambda \cdot T$. Liegt g in der Verschwindungsebene, so gibt es unter ζ kein Bild von g.
Geht g durch A, so werden alle Punkte P_λ auf g auf einen einzigen Punkt abgebildet; dies ist der *Spurpunkt* von g mit der Projektionsebene; er ist gegeben durch

$$Sp(g) = A - \frac{A \cdot N}{T \cdot N} \cdot T .$$

Wenn g nicht durch A geht, wird g auf eine *Gerade* abgebildet. Das sieht man so ein: Alle Projektionsstrahlen von P_λ durch A bilden eine Ebene; diese schneidet die Projektionsebene in einer Geraden.
Das genauere Verhalten kann vollständig in einem einfachen Spezialfall untersucht werden:

3.3 Ein lehrreicher Spezialfall

Für die weitere Untersuchung, wie nicht durch A verlaufende Geraden abgebildet werden, kann man sich auf den Fall $N = \begin{pmatrix} 0 \\ 0 \\ 1 \end{pmatrix}$ und $A = \begin{pmatrix} 0 \\ 0 \\ 1 \end{pmatrix}$ beschränken. Dann ist

$$\boxed{\zeta(P) = P - \frac{p_3}{1 - p_3} \cdot (A - P) = \frac{1}{1 - p_3} \cdot \begin{pmatrix} p_1 \\ p_2 \\ 0 \end{pmatrix} .}$$

Es gibt kein Bild, wenn $p_3 = 1$ ist, wenn P in der zur Projektionsebene parallelen *Verschwindungsebene* mit der Gleichung $x_3 = 1$ liegt.
Eine Gerade g hat den allgemeinen Punkt $P_\lambda = B + \lambda \cdot T$ und geht nicht durch A.
<u>Erster Unterfall:</u> g sei nicht parallel zur Projektionsebene. Dann ist $T \cdot N \neq 0$; also kann man $T \cdot N = t_3 = 1$ setzen.

Das Bild von g hat den allgemeinen Punkt $\zeta(P_\lambda) = \frac{1}{1 - (b_3 + \lambda)} \cdot \begin{pmatrix} b_1 + \lambda \cdot t_1 \\ b_2 + \lambda \cdot t_2 \\ 0 \end{pmatrix} .$

Zur Vereinfachung setzen wir $\mu = \dfrac{1}{1-b_3-\lambda}$; dann ist $\lambda = 1 - b_3 - \dfrac{1}{\mu}$ und

$$\zeta(P_\lambda) = \mu \cdot \begin{pmatrix} b_1 + (1-b_3-1/\mu) \cdot t_1 \\ b_2 + (1-b_3-1/\mu) \cdot t_2 \\ 0 \end{pmatrix} = \begin{pmatrix} -t_1 \\ -t_2 \\ 0 \end{pmatrix} + \mu \cdot \begin{pmatrix} b_1 + (1-b_3) \cdot t_1 \\ b_2 + (1-b_3) \cdot t_2 \\ 0 \end{pmatrix}.$$

Für $\mu = 0$ bekommt man den von B unabhängigen Bildpunkt $\begin{pmatrix} -t_1 \\ -t_2 \\ 0 \end{pmatrix}$. Dies ist bemer-

kenswert: Jede zu g parallele Gerade hat $\begin{pmatrix} -t_1 \\ -t_2 \\ 0 \end{pmatrix}$ als einen ihrer Bildpunkte. Paralle-

le Geraden werden auf sich schneidende Geraden abgebildet. Man nennt den nur

von T abhängigen Punkt $\boxed{Fl(T) = \begin{pmatrix} -t_1 \\ -t_2 \\ 0 \end{pmatrix}}$ den *Fluchtpunkt* zu g. Er stimmt überein mit

dem dem Spurpunkt $Sp(\hat{g}) = A - \dfrac{A \cdot N}{T \cdot N} \cdot T = \begin{pmatrix} -t_1 \\ -t_2 \\ 0 \end{pmatrix}$ derjenigen Geraden $\hat{g}$, die zu g

parallel ist und durch A geht: $Fl(T) = Sp(\hat{g})$.

In Abb. 06 sieht man drei (fette) zueinander parallele Geraden, von denen eine durch A geht. Der gemeinsame Fluchtpunkt ist durch einen leeren Kreis gekennzeichnet. Die Bilder der beiden nicht durch A gehenden Geraden sind dünn gezeichnet.

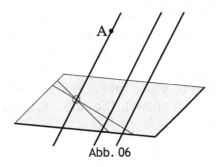

Abb. 06

Der zweite Unterfall ist weniger interessant: g sei parallel zur Projektionsebene, liege aber nicht in der Verschwindungsebene. Es ist $T \cdot N = 0$ und damit $t_3 = 0$ sowie $b_3 \neq 1$. Natürlich gibt es keinen Spurpunkt von g. Es ist daher auch nicht zu erwarten, dass es einen Fluchtpunkt gibt:

Das Bild von g hat den allgemeinen Punkt $\zeta(P_\lambda) = \dfrac{1}{1-b_3} \cdot \begin{pmatrix} b_1 + \lambda \cdot t_1 \\ b_2 + \lambda \cdot t_2 \\ 0 \end{pmatrix}$. Ist g zu h (in

Abb. 07 fett) parallel, so sind auch die entsprechenden Bildgeraden (dünn) zwei-

nander parallel. Liegen g, h und A in einer Ebene, so sind die entsprechenden Bildgeraden gleich.

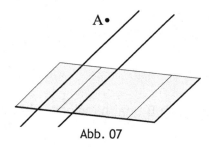

Abb. 07

<u>Fazit</u>: Zwei zueinander parallele Geraden, die nicht parallel zur Projektionsebene
sind, haben als Bilder zwei sich schneidende Geraden. Zwei solche Geraden führen
also im Bild zu einem Fluchtpunkt.
Zwei zueinander parallele Geraden, die parallel zur Projektionsebene sind, haben
als Bilder zwei zueinander parallele Geraden.

3.4 Zurück zum allgemeinen Fall

Dies Fazit gilt selbstverständlich auch, wenn N und A anders gewählt werden als im

hier dargestellten Spezialfall $N = A = \begin{pmatrix} 0 \\ 0 \\ 1 \end{pmatrix}$. Man beachte, dass nur die Parallelität

zur Projektionsebene eine Rolle spielt, nicht aber die Position des Augenpunkts.
Für die weiteren Berechnungen braucht man den Fluchtpunkt einer Geraden mit

dem Richtungsvektor T; er ist gegeben durch $\boxed{Fl(T) = A - \dfrac{A \cdot N}{T \cdot N} \cdot T}$.

3.4 Allgemeines über Fluchtpunkte

Führt man die Zentralprojektion eines Quaders durch, so kann es nach dem obigen
Fazit einen, zwei oder drei Fluchtpunkte geben, die von den Quaderkanten herrüh-
ren.
Der Quader (mit Seitenlängen u, v und w) sei durch die Ecken wie in Abb. 08 gegeben (LUV heißt „links unten vorn" usw.). Die Abb. 08 zeigt ein Schrägbild zur Orientierung.

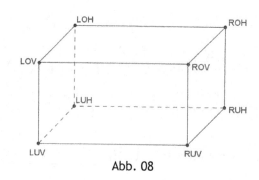

Abb. 08

Dabei ist

$$LUV = \begin{pmatrix} 0 \\ 0 \\ 0 \end{pmatrix}; \quad RUV = \begin{pmatrix} u \\ 0 \\ 0 \end{pmatrix}; \quad ROV = \begin{pmatrix} u \\ v \\ 0 \end{pmatrix}; \quad LOV = \begin{pmatrix} 0 \\ v \\ 0 \end{pmatrix}$$

$$LUH = \begin{pmatrix} 0 \\ 0 \\ w \end{pmatrix}; \quad RUH = \begin{pmatrix} u \\ 0 \\ w \end{pmatrix}; \quad ROH = \begin{pmatrix} u \\ v \\ w \end{pmatrix}; \quad LOH = \begin{pmatrix} 0 \\ v \\ w \end{pmatrix}$$

Die Kanten von vorn nach hinten haben den Richtungsvektor $\begin{pmatrix} 0 \\ 0 \\ 1 \end{pmatrix}$, die Kanten von

links nach rechts $\begin{pmatrix} 1 \\ 0 \\ 0 \end{pmatrix}$ und die Kanten von unten nach oben $\begin{pmatrix} 0 \\ 1 \\ 0 \end{pmatrix}$.

Zusätzlich gibt es zueinander parallele *Flächendiagonalen*: Die Diagonalen oben und

unten haben die Richtungsvektoren $V_{1;2} := \begin{pmatrix} \pm u \\ 0 \\ w \end{pmatrix}$, die Diagonalen links und rechts

haben $U_{1;2} := \begin{pmatrix} 0 \\ \pm v \\ w \end{pmatrix}$, und die Diagonalen vorn und hinten haben $W_{1;2} := \begin{pmatrix} \pm u \\ v \\ 0 \end{pmatrix}$ als

Richtungsvektoren.

Der Normalenvektor N der Projektionsebene sei auf die Länge 1 normiert. Der Au-

genpunkt ist stets $A = \begin{pmatrix} a_1 \\ a_2 \\ a_3 \end{pmatrix}$. Der Abstand zwischen A und der Projektionsebene ist

durch $\kappa := A \cdot N$ gegeben.

3.5 Ein einziger von den Quaderkanten herrührender Fluchtpunkt

Die Projektionsebene muss zu zwei aufeinander senkrecht stehenden Kanten des Quaders parallel sein, also etwa zur Vorderseite. Die Projektionsebene hat dann

den Normalenvektor $N = \begin{pmatrix} 0 \\ 0 \\ 1 \end{pmatrix}$. Der Abstand zwischen A und der Projektionsebene

beträgt $\kappa = a_3$.

Die Punkte $P = \begin{pmatrix} p_1 \\ p_2 \\ p_3 \end{pmatrix}$ werden auf $\zeta(P) = \frac{1}{a_3 - p_3} \cdot \begin{pmatrix} a_3 \cdot p_1 - a_1 \cdot p_3 \\ a_3 \cdot p_2 - a_2 \cdot p_3 \\ 0 \end{pmatrix}$ abgebildet.

Mit $\beta := \dfrac{a_3}{a_3 - w}$ sind die Bilder der Quaderecken gegeben durch

$$\zeta(LUV) = LUV; \quad \zeta(RUV) = RUV; \quad \zeta(ROV) = ROV; \quad \zeta(LOV) = LOV$$

$$\zeta(LUH) = (1-\beta)\cdot\begin{pmatrix} a_1 \\ a_2 \\ 0 \end{pmatrix}; \quad \zeta(RUH) = \zeta(LUH) + \beta\cdot RUV;$$

$$\zeta(ROH) = \zeta(LUH) + \beta\cdot ROV; \quad \zeta(LOH) = \zeta(LUH) + \beta\cdot LOV$$

Die Vorderseite wird (erwartungsgemäß) unverzerrt abgebildet; man kann der Zeichnung mithin u und v sowie der Hinterseite den Verkleinerungsfaktor β entnehmen.

Die nach hinten laufenden Kanten mit dem Richtungsvektor $T = \begin{pmatrix} 0 \\ 0 \\ 1 \end{pmatrix}$ liefern den

Fluchtpunkt $F := A - \dfrac{A\cdot N}{T\cdot N}\cdot T = A - \dfrac{a_3}{1}\cdot\begin{pmatrix} 0 \\ 0 \\ 1 \end{pmatrix} = \begin{pmatrix} a_1 \\ a_2 \\ 0 \end{pmatrix}.$

Die Abb. 09 wurde mit GeoGebra erstellt (ebenso die folgenden); die dicken Punkte sind beweglich, und es sind auch diejenigen Punkte, mit deren Hilfe der Quader vollständig konstruiert werden kann.

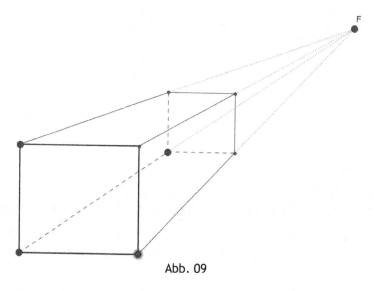

Abb. 09

Außerdem gibt es hier stets noch *vier weitere Fluchtpunkte*:

Die Diagonalen oben und unten mit den Richtungsvektoren $V_{1;2} = \begin{pmatrix} \pm u \\ 0 \\ w \end{pmatrix}$ liefern we-

gen $\dfrac{a_3}{w} = \dfrac{\beta}{\beta-1}$ die Fluchtpunkte $G_{1;2} := A - \dfrac{A \cdot N}{V_{1;2} \cdot N} \cdot V_{1;2} = \begin{pmatrix} a_1 \\ a_2 \\ a_3 \end{pmatrix} + \dfrac{\beta}{1-\beta} \cdot \begin{pmatrix} \pm u \\ 0 \\ w \end{pmatrix} = \begin{pmatrix} \ldots \\ a_2 \\ 0 \end{pmatrix}$

(Abb. 10). Es ist $F = \dfrac{G_1 + G_2}{2}$. Der Abstand zwischen F und $G_{1;2}$ beträgt $\dfrac{\beta}{\beta-1} \cdot u$.

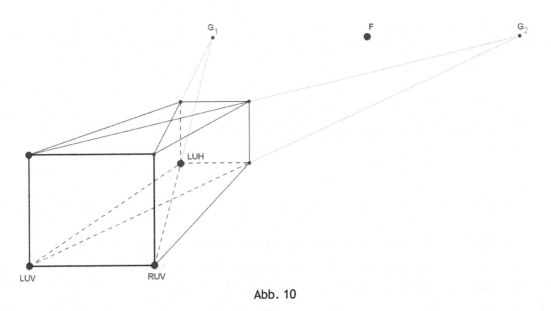

Abb. 10

Man sieht an der Abb. 10, dass man bei Kenntnis von F und G_1 den Punkt LUH konstruieren kann.

Die Diagonalen links und rechts haben $U_{1;2} = \begin{pmatrix} 0 \\ \pm v \\ w \end{pmatrix}$ als Richtungsvektoren, die zu

den Fluchtpunkten $H_{1;2} := A - \dfrac{A \cdot N}{U_{1;2} \cdot N} \cdot U_{1;2} = \begin{pmatrix} a_1 \\ a_2 \\ a_3 \end{pmatrix} + \dfrac{\beta}{1-\beta} \cdot \begin{pmatrix} 0 \\ \pm v \\ w \end{pmatrix} = \begin{pmatrix} a_1 \\ \ldots \\ 0 \end{pmatrix}$ führen (Abb.

11). Es ist $F = \dfrac{H_1 + H_2}{2}$. Der Abstand zwischen F und $H_{1;2}$ beträgt $\dfrac{\beta}{\beta-1} \cdot v$.

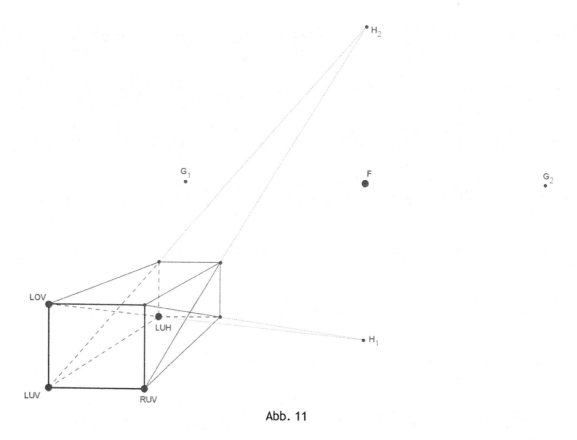

Abb. 11

Die Abb. 11 lässt erkennen, dass man bei Kenntnis von H_1 den Punkt LOV konstruieren kann als Schnittpunkt der Verbindungslinie zwischen LUH und H_1 mit der Senkrechten zum Horizont durch LUV.

Kennt man also die fünf Brennpunkte (von denen nur F, G_1 und H_1 wesentlich sind), so ist das Bild des Quaders schon durch LUV und RUV vorgegeben.

Man stellt außerdem fest, dass sich w und a_3 nicht separat aus der Zeichnung bestimmen lassen; stets tritt nur der Quotient $\dfrac{a_3}{w} = \dfrac{\beta}{\beta - 1}$ bzw. β in den Formeln auf.

3.6 Zwei von den Quaderkanten herrührende Fluchtpunkte

Die Projektionsebene darf nur noch zu einer einzigen Würfelkante parallel sein, also etwa zur von unten nach oben verlaufenden Kante mit dem Richtungsvektor $\begin{pmatrix} 0 \\ 1 \\ 0 \end{pmatrix}$. Die Projektionsebene hat damit die Gleichung $X \cdot \begin{pmatrix} \sigma \\ 0 \\ \tau \end{pmatrix} = 0$ mit $\sigma \cdot \tau \neq 0$. Außerdem soll $N^2 = \sigma^2 + \tau^2 = 1$ sein. Der Abstand zwischen A und der Projektionsebene ist $\kappa = A \cdot N = a_1 \cdot \sigma + a_3 \cdot \tau$.

Die nach hinten laufenden Kanten mit dem Richtungsvektor $T_1 = \begin{pmatrix} 0 \\ 0 \\ 1 \end{pmatrix}$ liefern den

Fluchtpunkt $F_1 := A - \dfrac{A \cdot N}{T_1 \cdot N} \cdot T_1 = \begin{pmatrix} a_1 \\ a_2 \\ a_3 - \kappa / \tau \end{pmatrix} = \begin{pmatrix} 0 \\ a_2 \\ 0 \end{pmatrix} + \dfrac{a_1}{\tau} \cdot \begin{pmatrix} \tau \\ 0 \\ -\sigma \end{pmatrix}.$

Die von links nach rechts verlaufenden Kanten mit dem Richtungsvektor $T_2 = \begin{pmatrix} 1 \\ 0 \\ 0 \end{pmatrix}$

führen zum Fluchtpunkt $F_2 := A - \dfrac{A \cdot N}{T_2 \cdot N} \cdot T_2 = \begin{pmatrix} a_1 - \kappa / \sigma \\ a_2 \\ a_3 \end{pmatrix} = \begin{pmatrix} 0 \\ a_2 \\ 0 \end{pmatrix} - \dfrac{a_3}{\sigma} \cdot \begin{pmatrix} \tau \\ 0 \\ -\sigma \end{pmatrix}.$

Die beiden Brennpunkte haben voneinander den Abstand $\dfrac{\kappa}{\sigma \cdot \tau}$.

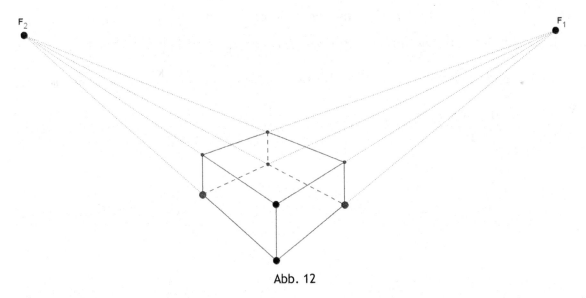

Abb. 12

Beide Fluchtpunkte bilden den *Horizont*. Die von oben nach unten verlaufende

Quaderkante mit dem Richtungsvektor $\begin{pmatrix} 0 \\ 1 \\ 0 \end{pmatrix}$ ist dazu senkrecht.

Man bekommt ein etwas realistischeres Bild des Quaders, wenn man den durch die Fluchtpunkte definierten Horizont absenkt (Abb. 13).

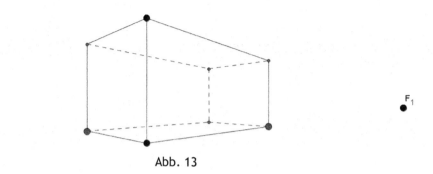

Abb. 13

Die *Diagonalen* liefern weitere Fluchtpunkte:

Die Diagonalen oben und unten mit $V_{1;2} = \begin{pmatrix} \pm u \\ 0 \\ w \end{pmatrix}$ liefern für den Fall, dass $V_{1;2} \cdot N \neq 0$

ist, die Fluchtpunkte

$$G_{1;2} = A - \frac{A \cdot N}{V_{1;2} \cdot N} \cdot V_{1;2} = \begin{pmatrix} a_1 \\ a_2 \\ a_3 \end{pmatrix} - \frac{\kappa}{\pm u \cdot \sigma + w \cdot \tau} \cdot \begin{pmatrix} \pm u \\ 0 \\ w \end{pmatrix} = \begin{pmatrix} 0 \\ a_2 \\ 0 \end{pmatrix} + \frac{a_1 \cdot w \mp a_3 \cdot u}{\tau \cdot w \pm \sigma \cdot u} \cdot \begin{pmatrix} \tau \\ 0 \\ -\sigma \end{pmatrix}$$

(Abb. 14). Offenbar liegen $G_{1;2}$ auf dem durch $F_{1;2}$ definierten Horizont. Dies ist tatsächlich der Fall, wie man an den Formeln für $G_{1;2}$ und $F_{1;2}$ sofort sieht.

Der Abstand zwischen den $G_{1;2}$ beträgt $\dfrac{2 \cdot u \cdot w \cdot \kappa}{(w \cdot \tau - u \cdot \sigma) \cdot (w \cdot \tau + u \cdot \sigma)}$. Ferner ist

$$G_{1;2} = \frac{\pm \sigma \cdot u \cdot F_1 + \tau \cdot a_3 \cdot F_2}{\pm \sigma \cdot u + \tau \cdot a_3}.$$

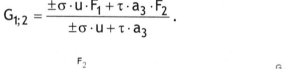

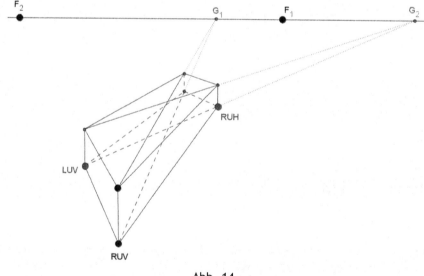

Abb. 14

Man sieht an Abb. 14, dass LUV bei Kenntnis von RUV, F_2, RUH und G_2 konstruierbar ist.

Die Diagonalen links und rechts mit $U_{1;2} = \begin{pmatrix} 0 \\ \pm v \\ w \end{pmatrix}$ führen (für $U_{1;2} \cdot N \neq 0$) zu

$$H_{1;2} = A - \frac{A \cdot N}{U_{1;2} \cdot N} \cdot U_{1;2} = \begin{pmatrix} a_1 \\ a_2 \\ a_3 \end{pmatrix} - \frac{\kappa}{\tau \cdot w} \cdot \begin{pmatrix} 0 \\ \pm v \\ w \end{pmatrix} = \begin{pmatrix} a_1 \\ \dots \\ -a_1 \cdot \sigma / \tau \end{pmatrix}$$ (Abb. 15). Die Gerade

durch $H_{1;2}$ steht auf der Geraden durch $F_{1;2}$ senkrecht. Ferner ist $\frac{H_1 + H_2}{2} = F_1$.

Der Abstand zwischen den $H_{1;2}$ beträgt $\frac{2 \cdot \kappa \cdot v}{\tau \cdot w}$.

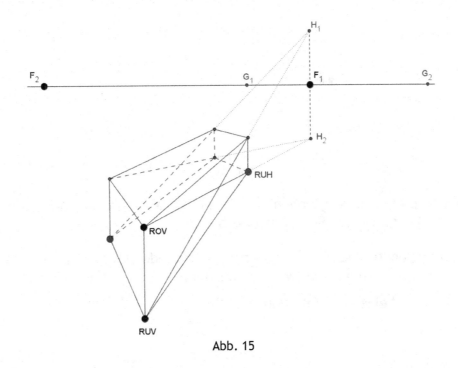

Abb. 15

Abb. 15 zeigt, dass RUH bei Kenntnis von H_2, ROV, RUV und F_1 konstruierbar ist.

Schließlich erzeugen die Diagonalen vorn und hinten mit $W_{1;2} = \begin{pmatrix} u \\ \pm v \\ 0 \end{pmatrix}$ für

$W_{1;2} \cdot N \neq 0$ die Fluchtpunkte

$$J_{1;2} = A - \frac{A \cdot N}{W_{1;2} \cdot N} \cdot W_{1;2} = \begin{pmatrix} a_1 \\ a_2 \\ a_3 \end{pmatrix} - \frac{\kappa}{u \cdot \sigma} \cdot \begin{pmatrix} u \\ \pm v \\ 0 \end{pmatrix} = \begin{pmatrix} -a_3 \cdot \tau / \sigma \\ \dots \\ a_3 \end{pmatrix}$$ (Abb. 16) mit $F_2 = \frac{J_1 + J_2}{2}$.

Die Gerade durch $J_{1;2}$ steht auf der Geraden durch $F_{1;2}$ senkrecht. Der Abstand

zwischen den $J_{1;2}$ beträgt $\frac{2 \cdot \kappa \cdot v}{\sigma \cdot u}$.

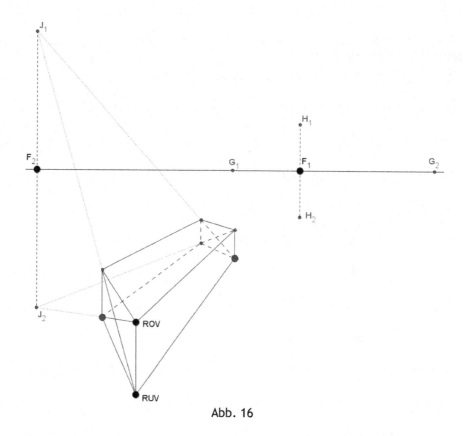

Abb. 16

Sind die acht Brennpunkte gegeben, so ist der Quader schon aus der Kenntnis der Vorderkante durch RUV und ROV konstruierbar.

Die acht Brennpunkte sind nicht unabhängig voneinander: Abb. 17 zeigt, dass einige der Fluchtpunkte kollinear sind (was sich auch leicht nachrechnen lässt); $J_{1;2}$ sowie G_1 liefern mithin keine neue Information.

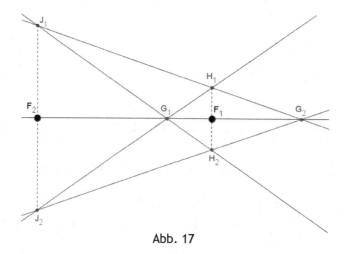

Abb. 17

3.7 Drei von den Quaderkanten herrührende Fluchtpunkte

Nun darf die Projektionsebene zu keiner Würfelkante mehr parallel sein. Die Pro-

jektionsebene hat damit die Gleichung $X \cdot \begin{pmatrix} \sigma \\ \rho \\ \tau \end{pmatrix} = 0$ mit $\sigma \cdot \rho \cdot \tau \neq 0$. Außerdem soll

$N^2 = \sigma^2 + \rho^2 + \tau^2 = 1$ sein. Der Abstand zwischen A und der Projektionsebene ist

$\kappa = A \cdot N = a_1 \cdot \sigma + a_2 \cdot \rho + a_3 \cdot \tau$.

Die nach hinten laufenden Kanten mit dem Richtungsvektor $T_1 = \begin{pmatrix} 0 \\ 0 \\ 1 \end{pmatrix}$ liefern den

Fluchtpunkt $F_1 := A - \dfrac{A \cdot N}{T_1 \cdot N} \cdot T_1 = \begin{pmatrix} a_1 \\ a_2 \\ a_3 - \kappa / \tau \end{pmatrix}$.

Die von links nach rechts verlaufenden Kanten mit dem Richtungsvektor $T_2 = \begin{pmatrix} 1 \\ 0 \\ 0 \end{pmatrix}$

führen zum Fluchtpunkt $F_2 := A - \dfrac{A \cdot N}{T_2 \cdot N} \cdot T_2 = \begin{pmatrix} a_1 - \kappa / \sigma \\ a_2 \\ a_3 \end{pmatrix}$. F_1 und F_2 bilden den *Horizont*.

Die von unten nach oben verlaufenden die Kanten mit dem Richtungsvektor

$T_3 = \begin{pmatrix} 0 \\ 1 \\ 0 \end{pmatrix}$ erzeugen den Fluchtpunkt $F_3 := A - \dfrac{A \cdot N}{T_3 \cdot N} \cdot T_3 = \begin{pmatrix} a_1 \\ a_2 - \kappa / \rho \\ a_3 \end{pmatrix}$ (Abb. 18).

Der Abstand zwischen den $F_{1;2}$ beträgt $\kappa \cdot \dfrac{\sqrt{\sigma^2 + \tau^2}}{\sigma \cdot \tau}$, der Abstand zwischen den $F_{2;3}$

beträgt $\kappa \cdot \dfrac{\sqrt{\sigma^2 + \rho^2}}{\sigma \cdot \rho}$, der zwischen den $F_{1;3}$ beträgt $\kappa \cdot \dfrac{\sqrt{\rho^2 + \tau^2}}{\rho \cdot \tau}$.

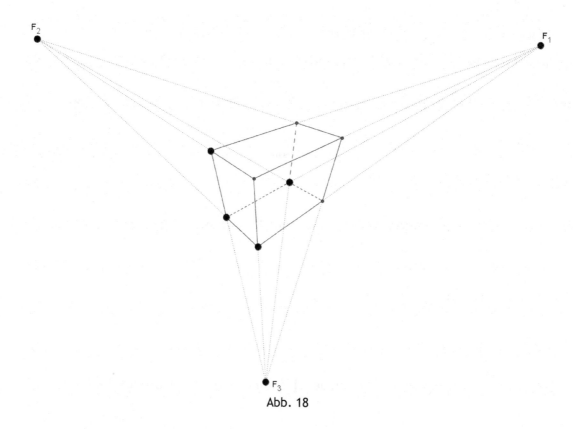

Abb. 18

Die Diagonalen oben und unten mit $V_{1;2} = \begin{pmatrix} \pm u \\ 0 \\ w \end{pmatrix}$ liefern für den Fall, dass $V_{1;2} \cdot N \neq 0$

ist, die Fluchtpunkte $G_{1;2} = A - \dfrac{A \cdot N}{V_{1;2} \cdot N} \cdot V_{1;2} = \begin{pmatrix} a_1 \\ a_2 \\ a_3 \end{pmatrix} - \dfrac{\kappa}{\pm u \cdot \sigma + w \cdot \tau} \cdot \begin{pmatrix} \pm u \\ 0 \\ w \end{pmatrix}$ (Abb. 19).

Dass sie auf der Geraden durch F_1 und F_2 liegen, lasse man durch ein CAS nach-

rechnen. Es ist $G_{1;2} = \dfrac{\tau \cdot w \cdot F_1 \pm \sigma \cdot u \cdot F_2}{\tau \cdot w \pm \sigma \cdot u}$. Der Abstand zwischen den $G_{1;2}$ beträgt

$\dfrac{2 \cdot \kappa \cdot u \cdot w \cdot \sqrt{\sigma^2 + \tau^2}}{(\tau \cdot w + \sigma \cdot u) \cdot (\tau \cdot w - \sigma \cdot u)}$.

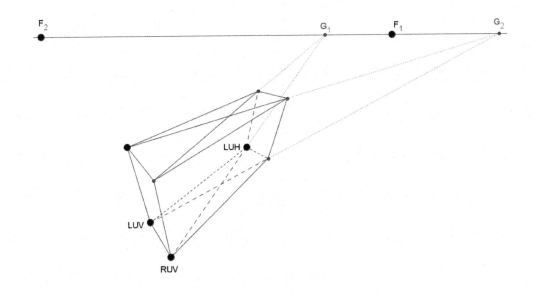

Abb. 19

Abb. 19 zeigt, dass LUH konstruierbar ist, wenn man G_1, F_1, LUV und RUV kennt.

Die Diagonalen links und rechts mit $U_{1;2} = \begin{pmatrix} 0 \\ \pm v \\ w \end{pmatrix}$ führen (falls $U_{1;2} \cdot N \neq 0$ ist) zu

$$H_{1;2} = A - \frac{A \cdot N}{U_{1;2} \cdot N} \cdot U_{1;2} = \begin{pmatrix} a_1 \\ a_2 \\ a_3 \end{pmatrix} - \frac{\kappa}{\pm v \cdot \rho + \tau \cdot w} \cdot \begin{pmatrix} 0 \\ \pm v \\ w \end{pmatrix}$$ (Abb. 20). Der Abstand zwischen

den $H_{1;2}$ beträgt $\dfrac{2 \cdot \kappa \cdot v \cdot w \cdot \sqrt{\rho^2 + \tau^2}}{(\tau \cdot w - \rho \cdot v) \cdot (\tau \cdot w + \rho \cdot v)}$. Die Punkte $H_{1;2}$ sind mit den Punkten

$F_{1;3}$ kollinear; genauer gilt: $H_{1;2} = \dfrac{\tau \cdot w \cdot F_1 \pm \rho \cdot v \cdot F_3}{\tau \cdot w_1 \pm \rho \cdot v}$.

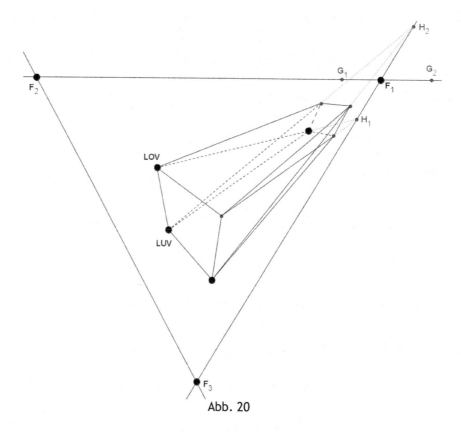

Abb. 20

Damit ist LOV aus LUV, F_3, LUH und H_1 konstruierbar.

Es verbleiben noch die Diagonalen vorn und hinten mit $W_{1;2} = \begin{pmatrix} u \\ \pm v \\ 0 \end{pmatrix}$ mit den (für

$W_{1;2} \cdot N \neq 0$ existierenden) Fluchtpunkten

$$J_{1;2} = A - \frac{A \cdot N}{W_{1;2} \cdot N} \cdot W_{1;2} = \begin{pmatrix} a_1 \\ a_2 \\ a_3 \end{pmatrix} - \frac{\kappa}{u \cdot \sigma \pm v \cdot \rho} \cdot \begin{pmatrix} u \\ \pm v \\ 0 \end{pmatrix}$$ (Abb. 21), die zu $F_{2;3}$ kollinear

sind mit $J_{1;2} = \dfrac{\sigma \cdot u \cdot F_2 \pm \rho \cdot v \cdot F_3}{\sigma \cdot u \pm \rho \cdot v}$. Der Abstand zwischen den $J_{1;2}$ beträgt

$$\frac{2 \cdot \kappa \cdot u \cdot v \cdot \sqrt{\sigma^2 + \rho^2}}{(\rho \cdot v - \sigma \cdot u) \cdot (\rho \cdot v + \sigma \cdot u)}.$$

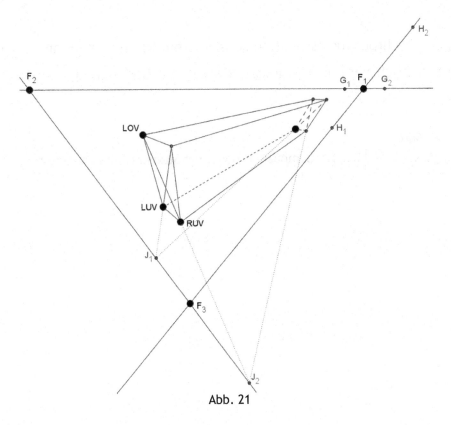

Abb. 21

Abb. 21 zeigt eine andere Möglichkeit, LOV aus LUV und RUV zu konstruieren.

Damit legen wiederum zwei Punkte (etwa LUV und RUV) das Bild des Quaders fest, wenn man die Brennpunkte kennt.

Wiederum sind verschiedene Fluchtpunkte kollinear, wie sich durch ein CAS leicht bestätigen lässt (Abb. 22).

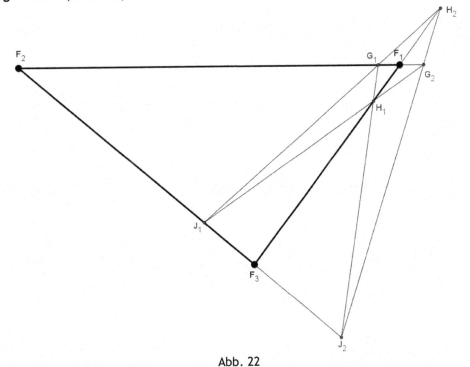

Abb. 22

Will man die Fluchtpunktkonstellation konstruieren, beginne man mit $G_{1;2}$ und $H_{1;2}$ (beliebig); dadurch wird F_1 festgelegt. Daraus ergeben sich $J_{1;2}$ und schließlich $F_{2;3}$.

Anschrift des Autors:

Dr. Jörg Meyer, Albert-Einstein-Gymnasium Hameln / Studienseminar Hameln
E-Mail: J.M.Meyer@t-online.de

Wir haben nur Modelle

Jörg MEYER, Hameln

Abstract: Der Begriff „Modell" wird heute inflationär verwendet. Gleichwohl ist es nicht immer einfach, zwischen Modell und Modelliertem zu unterscheiden bzw. überhaupt zu bemerken, dass modelliert worden ist.
Es zeigt sich, dass der an der Verwendung im anwendungsorientierten Mathematikunterricht angelehnte Begriff der Modellierung weiter reicht, als man zunächst vermuten mag.

1. Zum Begriff der Modellierung

Was soll eine Modellierung sein? Hierauf geben unterschiedliche Disziplinen verschiedene Antworten. Konzentriert man sich auf den Begriff der Modellierung im Kontext des anwendungsorientierten Mathematikunterrichts, so wird man sich an einigen Beispielen orientieren:

- Die Weltbevölkerung wächst. Bevölkerungswachstum lässt sich - annähernd - durch die Exponentialfunktion beschreiben. Dies ist sicherlich keine globale Beschreibung: Nichts kann auf Dauer exponentiell wachsen. Ob man mit der Exponentialfunktion die innere Struktur der Bevölkerungsvermehrung wirklich trifft, ist zweifelhaft; die Modellierung bezieht sich nur auf eine Sicht von außen. Die Modellierung kann hier als eine *Abbildung* von „Bevölkerung mit Wachstum" auf „Exponentialfunktion" aufgefasst werden; die Reichweite dieser Abbildung ist nur *lokal*. Da die innere Struktur der Bevölkerungsentwicklung nur angenommen oder vermutet wird, hat die Abbildung einen in diesem Sinne *versuchsweise strukturerhaltenden* Charakter.
- Die Weltbevölkerung wächst, obwohl vielleicht die Bevölkerung der Heimatstadt oder des Heimatstaates fällt. Innerhalb der Weltbevölkerung gibt es viele Inhomogenitäten. Will man die Weltbevölkerung ausschließlich global ermitteln, führt dies zu dem Problem, dass der genaue Wert zu keinem Zeitpunkt genau bekannt ist, sondern nur mehr oder weniger grob geschätzt werden kann.
  Man wird vielleicht die jeweiligen Einwohnerzahlen den offiziellen Angaben der Einzelstaaten entnehmen, und zwar jedes Jahr (oder etwa alle 10 Jahre). Dies *Realmodell* der Bevölkerungsentwicklung vereinfacht den Tatbestand erheblich. Bezogen auf einzelne Regionen der Erde führt es nicht zu belastbaren Aussagen; die Modellierung ist auch in diesem Sinne „nur" *lokal*. Da die jeweiligen Bevölkerungsentwicklungen mancher einzelner Regionen nur angenommen oder vermutet werden, hat auch hier die Modellierung einen *versuchsweise strukturerhaltenden* Charakter.
- Fritzchen spielt mit seinem Modellauto. Dieses ist zwar eine maßstabsgetreue (und i. a. auch vergröbernde) Verkleinerung eines Originalautos, hat aber bezüglich Festigkeit und auch bezüglich physikalischer Dichte Werte, die nicht mit dem Abbildungsmaßstab zu erklären sind. Wiederum ist der Übergang vom Originalauto zum Modellauto nur *lokal* aussagekräftig. Bezüglich der geometrischen Eigenschaften jedoch ist die Abbildung (im Großen und Ganzen) strukturerhaltend.

Angesichts dieser Beispiele liegt folgende Festlegung nahe:

> Eine Modellierung ist eine Abbildung mit versuchsweise strukturerhaltendem Charakter und lokaler Reichweite.

Um die Wortwahl übersichtlich zu gestalten, soll das Modellierte das *Urbild* und das Modell das *Abbild* heißen.

Strukturerhaltende Abbildungen sollen kurz *Morphismen* heißen.

Häufig ist die Struktur des Urbilds gar nicht oder nicht vollständig bekannt. In diesen Fällen wird eine Struktur des Urbilds vermutet oder angenommen; in diesem Sinne ist die Modellierung ein *hypothetischer* Morphismus; das Hypothetische bezieht sich auf das Urbild und nicht auf das Abbild. Es wird praktisch sein, auch den Fall des Modellautos (mit bekannter Urbild-Struktur und daher nicht nur hypothetischem Morphismus) hier zu subsumieren.

Ein ähnlicher Fall wie bei Modellautos liegt bei der Taylor-Entwicklung vor. Auch hier ist das Urbild vollständig bekannt. Der Sinn der Modellierung liegt hier darin, das Interesse auf bestimmte Bereiche zu lenken und zu einer einfacheren Beschreibung des Sachverhalts in diesen Bereichen zu kommen.

Die Lokalität (bzw. Nicht-Globalität) besteht darin, dass sich der hypothetische Morphismus nicht auf alle Bereiche des Urbilds erstreckt.

Somit lässt sich das Wesen einer Modellierung kürzer fassen:

> Eine Modellierung ist ein lokaler hypothetischer Morphismus.

Wenn man eine Modellierung auf diese Weise auffasst, wird sich gleich ein Bedenken regen: Ist es nicht auch eine wesentliche Eigenschaft eines Modells, die Realität (d.h. das Urbild) zu ver*einfach*en?

Dass das etwas verzwickt werden kann, zeigt das Phänomen, dass Urbild und Abbild vertauschbar sein können: So ist ein gezeichnetes Rechteck ein Modell (eine Veranschaulichung) des mathematischen Begriffs „Rechteck"; andererseits ist der mathematische Begriff „Rechteck" ein Modell (eine Idealisierung) des gezeichneten Rechtecks.

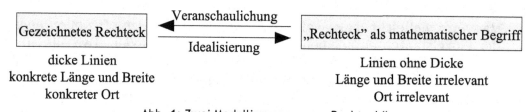

Abb. 1: Zwei Modellierungen von „Rechteck"

Bei einer *Veranschaulichung* wird von einigen Eigenschaften des Urbilds abgesehen: So lässt sich die nicht vorhandene Dicke der Begrenzungslinien im mathematischen Begriff nicht auf die Zeichnung übertragen. Auch liefert eine Zeichnung nur ein einziges Beispiel (an einem konkreten Ort mit konkreter Höhe und Breite) der potentiell unendlich großen Klasse aller Rechtecke. Bei einer *Idealisierung* wird ebenso von einigen Eigenschaften der Zeichnung abgesehen: Die endliche Dicke der Begrenzungslinien wird im mathematischen Begriff ignoriert, von der speziellen Breite und Höhe der Zeichnung wird abstrahiert.

Beide Abbildungen, die Veranschaulichung und die Idealisierung, sind zueinander invers; beide werden ggf. als Vereinfachung empfunden.

Dies zeigt: „Vereinfachung" ist kein absoluter Begriff! Ob etwas vereinfacht wurde, entscheidet sich nur im Hinblick auf den Rezipienten (das ist der, für den die Vereinfachung gedacht ist) und im Hinblick auf das Ziel, das man mit der Vereinfachung zu erreichen sucht.

Bleiben wir also bei der Kennzeichnung einer Modellierung als lokale hypothetische Morphismen; ob es sich um Vereinfachungen handelt, ob die Modellierung als fruchtbringend empfunden wird, lässt sich kaum allgemein entscheiden.

Nun ist eine Begriffsausschärfung kein Selbstzweck; hier soll sie dazu dienen, Modelle als solche zu erkennen und von Modelliertem abgrenzen zu können. Dies soll in diesem Aufsatz auch der alleinige Focus sein; die Frage nach dem Wert oder dem Sinn von Modellen bleibt von all diesen Überlegungen ganz unberührt.

2. Präskriptive Modellierung

Dass die Modellierung nur eine lokale Abbildung ist, wird auch bei präskriptiven Modellen deutlich; einige Beispiele liegen auf der Hand:

- Dass Mord bestraft werden muss, ist unmittelbar einleuchtend; die logischen Konsequenzen brauchen es nicht mehr zu sein. Wie soll man im Recht einen Mord und dessen Strafe definieren? Gehört ein Tyrannenmord dazu oder das Abschalten der Geräte bei einem Schwerkranken?
- Dass Freiheit und Gleichheit keineswegs dasselbe bedeuten, sondern sich in konkreten Situationen sehr widersprechen können, ist eine Erfahrung, die sich schon im Schulalltag jeden Tag machen lässt. Andererseits wurde nicht nur in der französischen Revolution beides gleichzeitig gefordert, und niemand hatte dagegen Bedenken.
- Die Paradoxien, zu denen jedes (!) denkbare Wahlrecht führen kann (Meyer 1995, Meyer 1998 a, Meyer 1998 b), waren von den Personen, die die diversen Wahlverfahren erdacht haben, sicherlich nicht vorhergesehen.

Cavell (2006; S. 218) fasst das schön zusammen:
> „Die Forderung, das Gesetz bis aufs i-Tüpfelchen zu erfüllen, wird unweigerlich dazu führen, das Gesetz, so wie es ist, zu zerstören, wenn es sich zu weit von seinen Ursprüngen entfernt hat."

3. Begriffliche Sprache

Die ersten beiden Beispiele des letzten Abschnitts streifen schon den Bereich zur Sprache. Diese stellt mit ihrer *Begrifflichkeit* durchaus eine Modellierung dar (eigentlich hat der Fremdsprachenunterricht die Funktion, genau dieses erfahrbar zu machen).
Der Mathematik-Didaktiker Wittenberg (1957; S. 312) benannte den
> „... Sachverhalt (...), dass die verbale Potentialität unserer sinnerfüllten Sprache reicher ist als die potentielle Vielfalt der uns zugänglichen Bedeutungsinhalte"

und bemerkte,
> „"... dass (...) die Vorstellung nicht haltbar sei, in unserem Denken gehöre zu jedem sinnvollen Worte eine wohldeterminierte Bedeutung."

Das Abbild (Sprache; ich sehe hier die Sprache als Abbild und nicht, was man auch könnte, als Abbildung an) hat demnach keine bijektive Beziehung zum Urbild (Welt); es ist auch gar nicht zu erwarten, dass die Struktur der Sprache ein Abbild der Struktur der Welt ist.

> „Wir sind Geschöpfe mit begrenzten Fähigkeiten, deren Gedächtnis nicht ausreicht, um zahllose Sätze (...) zu speichern, daher kann das Sprechen(...)-lernen nicht einfach darin bestehen, dass wir Sätze (...) speichern. Vielmehr muss es darin bestehen, eine begrenzte Menge von Regeln zu erwerben, die uns eine unbegrenzte Fähigkeit verleihen." (Hoffman 2003; S. 44)

Bei der Anwendung der Regeln kann der Weltbezug verloren gehen, wie man aus Kants „Kritik der reinen Vernunft" lernen kann. Einen wichtigen Teil dieses Werks stellen die Antinomien der reinen Vernunft dar; diese lassen sich kurz so charakterisieren:

> "The concepts originating the four antinomies are; *before, part of, caused by,* and *depends on.* Each of these can be driven to a 'logical conclusion' in two absurd ways." (Sorensen 2003; S. 293 f.)

Obschon es nicht immer möglich ist, den Elementen begrifflichen Redens Urbilder zuzuordnen, kann man den Eindruck haben, dass Sprache lokal durchaus erfolgreich modelliert. Problematisch sind die Extrapolationen:

Wittgenstein vermutet sogar, dass *alle* philosophischen Probleme auf Probleme der Sprache zurückzuführen sind:

> „Die Verwirrungen, die uns beschäftigen, entstehen gleichsam, wenn die Sprache leerläuft, nicht wenn sie arbeitet." (Wittgenstein 1953 ; S. 165 (Nr. 132))
>
> „Die Probleme, die durch ein Missdeuten unserer Sprachformen entstehen, haben den Charakter der *Tiefe*." (Wittgenstein 1953; S. 160 (Nr. 111))
>
> „Die Ergebnisse der Philosophie sind die (...) Beulen, die sich der Verstand beim Anrennen an die Grenze der Sprache geholt hat." (Wittgenstein 1953; S. 161 (Nr. 119))

Dass andererseits die begriffliche Sprache nur aus Extrapolationen besteht, fiel schon lange vor Wittgenstein auf:

> „All things that exist being particulars, it may perhaps be thought reasonable that words, which ought to be conformed to things, should be so too,- I mean in their signification: but yet we find quite the contrary. The far greatest part of words that make all languages are general terms (...) Since all things that exist are only particulars, how come we by general terms; or where find we those general natures they are supposed to stand for?" (Locke 1690; Book III, Chapter III, Sätze 1 und 6)

Die Modellierung der Welt durch Sprache ist ein nichttrivialer Vorgang; die Begrifflichkeit hilft beim Zurechtfinden in der Welt. Sie kann aber auch hinderlich sein:

> „(...) dass wir, statt die Sprache als ein Werkzeug zu benutzen, mit dem wir Gedanken und Erfahrungen ausdrücken, die Sprache als ein Werkzeug ansehen, das unsere Gedanken und unsere Erfahrungen festlegt." (Foerster 1972; S. 198)

Dieser Gedanke ist schon wesentlich älter: Bereits für Francis Bacon (1561 – 1626) war die Sprache ein „einziger Quell von Missverständnissen"; er sah die Zukunft der Wissenschaft sogar in einer „Entsprachlichung" des Denkens (nach Jungen / Lohnstein 2007; S. 159).

Die Sprache hat sich an Alltagserfahrungen entwickelt; es gibt jedoch Phänomene in der „Welt", die sich kaum oder gar nicht auf Alltagserfahrungen zurückführen lassen; daher die Kunstsprachen der Naturwissenschaften.

Man sieht die Analogien zu den Modellen des anwendungsorientierten Mathematikunterrichts: Modelle sind weder richtig noch falsch, aber gegebenenfalls lokal nützlich.
Extrapolationen sind nur mit Vorsicht vorzunehmen
(vgl. auch Henn / Meyer 2006). Aber:
Viele Modelle wurden nur mit der Absicht erstellt, extrapolieren zu können!
Beim erwähnten Bevölkerungswachstum sind ja allenfalls Historiker an einer Interpolation für ein bestimmtes Jahr in der Vergangenheit interessiert.

4. Gott

Auch das Wort „Gott" gehört zur Sprache und führt sofort auf begriffliche Probleme. Hier ein Zeugnis aus der Zeit von etwa 180 bis 200 n. Chr. Geb.:
> „Hieraus folgern wir, dass diejenigen, die die Existenz Gottes mit Sicherheit behaupten, womöglich zum Frevel gezwungen werden. Wenn sie ihn nämlich für alle Dinge vorsorgen lassen, behaupten sie, der Gott sei Urheber von Übeln. Lassen sie ihn aber nur für einige Dinge oder sogar für nichts vorsorgen, dann werden sie gezwungen, den Gott entweder missgünstig oder schwach zu nennen. Das aber ist offenkundig Frevel." (Sextus Empiricus; S. 226)

Ein anderes Beispiel stellt die alttestamentliche Hiob-Geschichte dar, in der der menschliche Begriff der Güte fälschlicherweise auf Gott projiziert wird. Menschliche Modelle guten Verhaltens sind auf Menschen bezogen und können nicht das Verhalten Gottes erklären. Die Annahme eines Morphismus kann allenfalls für einen sehr schmalen (möglicherweise sogar leeren) Bereich aufrechterhalten werden.

5. Erkenntnis

Verlassen wir die Problematik der Sprache und betrachten, wie wir zu *Erkenntnissen* kommen. Beginnen könnte man mit dem folgenden Phänomen:
> „Die fundamentale Frage heißt dann: Wieso erleben wir die Welt in ihrer überwältigenden Mannigfaltigkeit, wenn als Eingangsdatum uns lediglich zur Verfügung steht: erstens die Reizintensität; zweitens die Koordinaten der Reizquelle, das heißt Reizung an einer bestimmten Stelle meines Körpers?" (Foerster 1973; S. 56)

Beginnen könnte man auch mit folgendem Sachverhalt, der jedem Physiker bekannt ist:
> „(Die moderne Naturwissenschaft seit Galilei) lässt sich als ein Verfahren kennzeichnen, das ideale Gegenstände erfindet, deren Verhalten durch ideale Gesetze bestimmt wird. Diese erfundenen Ideen werden sodann dazu gebraucht, das beobachtete Verhalten von Gegenständen der Erfahrung zu er-

klären, indem Störungen eingeführt werden, die diese Gegenstände daran hindern, den idealen Gesetzen genau zu gehorchen." (Glasersfeld 1995; S. 64)

Erkenntnis hebt also nicht an mit Dingen, die man wahrnehmen kann, sondern mit Ideen, die nur gedacht sind.
Schon das erste Newton'schen Axiome lässt sich nicht verifizieren: „Ein Körper beharrt im Zustand der Ruhe oder der gleichförmig geradlinigen Bewegung, solange keine äußeren Einflüsse auf ihn wirken": Man wird nirgendwo einen Ort finden, an dem keine äußeren Einflüsse wirken!

Erkenntnis setzt somit Modelle voraus! Pointiert hat dies Kant formuliert:
> „Der Verstand schöpft seine Gesetze (a priori) nicht aus der Natur, sondern schreibt sie dieser vor." (Kant 1783; S. 88 (§36); in diese Richtung gehen schon Gedanken des vorbuddhistischen indischen Philosophen Yājñavalka (Essler / Mamat 2006; S. 8)

Und die Ideen, die gibt es wohl „in Wirklichkeit" gar nicht; sie dienen „nur" dazu, unsere Erfahrungswelt zu ordnen und sie zu vervollständigen:
> „Ideen (...) sind (...) heuristische Fiktionen." (Kant 1781; S. 653 (A 771))

Unsere Wissenschaften sind demnach „nur" ein Modell (d.h. hier: ein Abbild) der uns unzugänglichen „wahren" Verhältnisse. Nietzsche hat das noch etwas plastischer formuliert:
> „Es ist genug, die Wissenschaft als möglichst getreue Anmenschlichung der Dinge zu betrachten." (Nietzsche 1882; S. 473 (Nr. 112))

Wenn das so ist, dann können auch gar nicht die uns unzugänglichen Elemente der „Wirklichkeit" Gegenstand der Wissenschaften sein:
> „... dass wir im Grunde immer nur unsere *Kenntnis* dieser Teilchen zum Gegenstand der Wissenschaften machen können" (Heisenberg 1953; S. 413. Hervorhebung von mir, J.M.)

Dies wurde schon von John Locke gesehen:
> „Der Geist hat bei allem Denken und Folgern kein anderes unmittelbares Objekt als seine eigenen Ideen; er betrachtet nur sie und kann nur sie betrachten." (Locke 1690; Buch IV, I. Kapitel, §1).

Zusammengefasst: Indem man erkennt, modelliert man und entfernt sich dabei von der uns unzugänglichen „wahren Welt". (Diese Entfernung wird in der Paradiesgeschichte dargestellt.)
Die Gefahr, dass das Modell für die „wahre Welt" gehalten wird, besteht durchgängig.
Die Gefahr zu meinen, aus dem begrifflichen Reden sichere Rückschlüsse auf die „wahre Welt" ziehen zu können, besteht ebenfalls durchgängig. Die hierauf gründenden
> „Überzeugungen sind gefährlichere Feinde der Wahrheit als Lügen" (Nietzsche 1878; S. 317 (Nr. 483))

Noch drastischer formuliert:
> „... dass die Ideen schlimmere Verführerinnen seien als die Sinne" (Nietzsche 1882; S. 624 (Nr. 372)).

6. Das Alltägliche

Man muss aber gar nicht so weit ausholen. Schon wenn man eine Geschichte erzählt, wird Unwichtiges weggelassen, werden Ursachen so zugeordnet, dass der Erzähler sich vom Geschehenen einen Reim machen kann, wird also Wirklichkeit modelliert. Dieser Modellierungsaspekt ist unhintergehbar:

> „The abilty to confabulate - to tell stories smoothing over the rough edge of experience - is part of being human" (Poundstone 2010; S. 95)

Diese Reime auf Geschehenes können unterschiedlich sein. Geschichte ist nicht an sich vorhanden, der Wahrheitsgehalt unterschiedlicher Reime wird nur in seltenen Fällen objektiv entscheidbar sein. Die Reime hängen ab vom gegenwärtigen Zustand des Erzählers:

> „The past is made up as a function of the present" (Andersen; zitiert nach Theunissen [2]2002; S. 34)

Vargas Llosa (2012; S. 126) beschreibt Geschichte als

> „eine mehr oder weniger idyllische, rationale und schlüssige Konstruktion einer im Grunde willkürlichen, chaotischen Realität aus Zufällen, Fügungen, widersprüchlichen Interessen und Vorhaben, deren Zusammenwirken zu unverhofften Wendungen führte, ..."

Noch deutlicher wird Heidegger (1936-38; S. 493), wenn er über „Geschichte" spricht:

> „(es handelt sich um) das feststellende Erklären des Vergangenen aus dem Gesichtskreis der berechnenden Betreibungen der Gegenwart."

Auch hier lässt sich erkennen: Eine „objektive Geschichte" gibt es nicht. Jede „Geschichte" ist eine Modellierung.

7. Modellierung mathematischer Gegenstände: Analysis

Man kann aber auch viel weiter ausholen. Menschen haben einen Sinn für Gegenstände mit endlicher Ausdehnung. Man kann sich vorstellen, dass es auch Gegenstände gibt mit einer unendlichen Ausdehnung; diese bilden ein mögliches Urbild. Modelliert werden diese unendlich ausgedehnten Gegenstände durch endlich ausgedehnte Objekte; diese bilden das Abbild. Eines der ersten Beispiele, die den sehr lokalen (und das heißt hier: den sehr unzuverlässigen) Charakter dieser Modellierung zeigen, stammt von Torricelli. Er betrachtet den Graphen zu $y = \dfrac{1}{x}$ für $x > 1$.

Die Länge des Graphen ist ist nicht mehr endlich, wovon man sich auch durch eine Rechnung überzeugen kann:

$$L = \int\limits_1^\infty \sqrt{1+(y')^2} \cdot dx = \int\limits_1^\infty \sqrt{1+\frac{1}{x^2}} \cdot dx = \infty.$$

Der von Graph und Rechtsachse eingeschlossene Flächeninhalt beträgt

$$A = \int\limits_1^\infty \frac{dx}{x} = \ln x\Big|_1^\infty = \infty.$$

Dies alles mutet noch als selbstverständlich an; wir sind in dem Bereich, in dem der Morphismus aussagekräftig ist.

Rotiert der Graph um die x-Achse, ergibt sich das Volumen $V = \pi \cdot \int\limits_1^\infty \frac{dx}{x^2} = \frac{-\pi}{x}\Big|_1^\infty = \pi.$

Dies ist innerhalb der „Abbild-Welt" schon nicht mehr zu verstehen: Das Volumen ist endlich, obwohl die Querschnittsfläche es nicht ist.

Die Mantelfläche ist $M = 2 \cdot \pi \cdot \int\limits_1^\infty y \cdot \sqrt{1+(y')^2} \cdot dx = 2 \cdot \pi \cdot \int\limits_1^\infty \frac{1}{x} \cdot \sqrt{1 + \frac{1}{x^2}} \cdot dx = \infty$.

Auch hier gibt es in der „Abbild-Welt" massive Probleme: Das Volumen ist endlich, obwohl die Mantelfläche es nicht ist.

Aber so weit muss man gar nicht gehen: Der Flächeninhalt zwischen dem Graphen

zu $y = \frac{1}{x^2}$ im Bereich von 1 bis unendlich ist wegen $A = \int\limits_1^\infty \frac{dx}{x^2} = \left.\frac{-1}{x}\right|_1^\infty = 1$ endlich,

obwohl seine Begrenzung es nicht ist.

Dass die von der Sprache Mathematik vorgenommene begriffliche Fixierung der intuitiven Vorstellung über Unendlichkeit sich von der Intuition lösen kann, ist auch den Physikern geläufig:

> „Aber wir wissen ja, dass auch die Sprache die Wirklichkeit nur ergreift und gestaltet, indem sie sie idealisiert. (...) ... und dass eben in dem Maße, in dem die Begriffe sich verschärfen, die Idealisierung sich wieder von der Wirklichkeit löst." (Heisenberg 1942; S. 288 f.)

Dass der Morphismus, der das Urbild „intuitive Vorstellungen" auf die begriffliche Fixierung abbildet, allenfalls lokale Gültigkeit hat, zeigt auch die Stochastik:

8. Modellierung mathematischer Gegenstände: Stochastik

Der Mensch hat zwar ein Gefühl für Regelmäßigkeiten, nicht aber für Unregelmäßigkeiten, was man schon an der offenkundigen Unfähigkeit sieht, einen Lotto-Zettel wirklich irregulär auszufüllen (wie man das ausnutzen kann, um seinen eventuellen Lotto-Gewinn zu erhöhen, kann man bei Henze / Riedwyl 1998 nachlesen). Hier wird erfolglos versucht, das Urbild unregelmäßiger Anordnungen durch das Abbild regelmäßiger Anordnungen zu modellieren; dass man mit „nicht regelmäßig" das Phänomen der Unregelmäßigkeit nur unzureichend erfasst, ist ebenso offenkundig wie der Versuch, das Unendliche durch „nicht endlich" vollständig charakterisieren zu können.

Berühmt (oder besser: berüchtigt) sind die Probleme mit der *Unabhängigkeit*. Der Versuch, in der Stochastik *kausale* Abhängigkeiten bzw. Unabhängigkeiten in den Griff zu bekommen, führt zur Definition der *stochastischen* Unabhängigkeit: Zwei Ereignisse A und B heißen *stochastisch unabhängig voneinander*, wenn $P(A \cap B) = P(A) \cdot P(B)$ gilt.
Im Gegensatz zur kausalen Unabhängigkeit ist die stochastische Unabhängigkeit in A und B *symmetrisch*; schon diese Diskrepanz zeigt, dass man das, was man vielleicht fassen wollte, nicht hat treffen können. Der Morphismus von der Intuition hin zur Begrifflichkeit ist nur lokal.

Dass die Exaktifizierung des Begriffs der Unabhängigkeit auch andere kontraintuitive Facetten hat, zeigt das folgende instruktive Beispiel (nach Scozzafava 1997; S. 57 f.):

Eine Urne enthält eine weiße, eine schwarze und eine rote Kugel. Wir ziehen nur einmal. Wir betrachten die Ereignisse

WR: Das Ergebnis der Ziehung ist weiß oder rot.

WS: Das Ergebnis der Ziehung ist weiß oder schwarz.

W: Das Ergebnis der Ziehung ist weiß.

Es ist $WR \cap WS = W$ sowie $P(WR) = P(WS) = \dfrac{2}{3}$ und $P(WR \cap WS) = P(W) = \dfrac{1}{3}$.

Die Ereignisse WR und WS sind stochastisch nicht unabhängig.

Nun wird zusätzlich eine gelbe Kugel in die Urne getan; die Ereignisse WR, WS und W seien wie oben.

Dann gilt: $P(WR) = P(WS) = \dfrac{2}{4} = \dfrac{1}{2}$ und $P(WR \cap WS) = P(W) = \dfrac{1}{4}$.

Die Ereignisse WR und WS sind durch die irrelevante gelbe Kugel nunmehr stochastisch unabhängig geworden!

Wird noch eine weitere gelbe Kugel in die Urne gelegt, dann sind die Ereignisse WR und WS stochastisch nicht mehr unabhängig.
Der Intuition entspricht all dies nicht.

Analoge Beispiele sind schon lange bekannt (ein recht schönes findet man bereits beim Klassiker Feller ([3]1968; S. 126), dessen (schon damals sehr einflussreiche) 1. Auflage von 1950 stammt.

Trotz all dieser kontraintuitiven Aspekte gilt: Niemand wird die *Nützlichkeit* des Begriffs der stochastischen Unabhängigkeit bezweifeln: die Stochastik wäre ohne Unabhängigkeit undenkbar.

Literatur

Cavell, Stanley (2006): Der Anspruch der Vernunft. Suhrkamp (Original 1979).

Essler, W. / Mamat U. (2006): Die Philosophie des Buddhismus. Wissenschaftliche Buchgesellschaft.

Feller, William ([3]1968): An introduction to probability theory and its applications. Volume I. (Original 1950).

Foerster, Heinz von (1972): Zukunft der Wahrnehmung: Wahrnehmung der Zukunft. In: Wissen und Gewissen. Suhrkamp (1993).

Foerster, Heinz von (1973): Kybernetik einer Erkenntnistheorie. In: Wissen und Gewissen. Suhrkamp (1993).

Glasersfeld, Ernst von (1995): Radikaler Konstruktivismus. Suhrkamp (1997).

Henn, H.-W. / Meyer, J. (2006): Eintrittsgelder und Pizzapreise. In: Mathematik lehren **134**, S. 18 – 21.

Henze, N. / Riedwyl, H. (2008): How to win more. A K Peters.

Heidegger, Martin (1936-1938): Beiträge zur Philosophie (Vom Ereignis). Klostermann (posthum 1989).

Heisenberg, Werner (1942): Ordnung der Wirklichkeit. In: Gesammelte Werke I. Piper (1984).

Heisenberg, Werner (1953): Das Naturbild der heutigen Physik. In: Gesammelte Werke I. Piper (1984).

Hoffman, Donald (2003): Visuelle Intelligenz. Klett-Cotta/dtv.

Jungen, O. / Lohnstein, H. (2007): Geschichte der Grammatiktheorie. Verlag Wilhelm Fink.

Kant, Immanuel (1781): Kritik der reinen Vernunft. Suhrkamp (1974).

Kant, Immanuel (1783): Prolegomena. Reclam (1989).

Locke, John (1690): An Essay Concerning Human Understanding. (Im Internet frei in englischer oder deutscher Sprache verfügbar)

Meyer, Jörg (1995): Wahlen: Paradoxa bei der Sitzverteilung. In: mathematica didactica **18** (1), S. 21 - 34.

Meyer, Jörg (1998 a): Paradoxien beim Verhältniswahlrecht. In: Mathematik lehren **88** , S. 45 - 49.

Meyer, Jörg (1998 b): Paradoxien bei direkten Wahlen. In: Mathematik lehren **88** , S. 50 - 54.

Nietzsche, Friedrich (1878): Menschliches, Allzumenschliches I. dtv/de Gruyter (1999).

Nietzsche, Friedrich (1882): Die fröhliche Wissenschaft. dtv/de Gruyter (1999).

Poundstone, William (2010): Priceless. Hill & Wang.

Scozzafava, Romano (1997): Probabilità soggestiva. Mailand: Masson.

Sextus Empiricus (ca. 180 - 200): Grundriss der pyrrhonischen Skepsis. Suhrkamp (1993).

Sorensen, Roy (2003): A brief history of the paradox. Oxford University Press.

Theunissen, Michael (^{2}2002): Pindar. Beck Verlag.

Vargas Llosa, Mario (2012): Der Traum des Kelten. Suhrkamp Taschenbuch.

Wittenberg, Alexander (1957): Vom Denken in Begriffen. Birkhäuser.

Wittgenstein, Ludwig (1953): Philosophische Untersuchungen. Reclam Leipzig (1990).

Anschrift des Autors:

Dr. Jörg Meyer, Albert-Einstein-Gymnasium Hameln / Studienseminar Hameln
E-Mail: J.M.Meyer@t-online.de

Wie berechnet der Taschenrechner eigentlich Sinus-Werte?

Jan Hendrik MÜLLER (Gymnasium Attendorn)

Abstract: Viele Taschenrechnertasten nutzt man als „Black-Box". Das kann nicht nur im Mathematikunterricht als Motivation dienen, über Rechenverfahren nachzudenken, die sich „hinter" den Tasten verbergen könnten. Der Artikel greift dieses Problem am Beispiel der Sinus- und Cosinus-Funktion auf.

1. Einleitung

Im Jahre 1959 publizierte der Amerikaner Jack E. Volder ein Verfahren zur Approximation der Werte trigonometrischer Funktionen. Wie so oft bringt gerade die militärdienliche Forschung geniale Ergebnisse hervor und so war es auch hier Volders Motivation, für die mit Überschallgeschwindigkeit fliegende Bomber Convair-B-58 das digitale Rechenverfahren zur Positionsbestimmung – wofür man klarerweise trigonometrische Funktionen auswerten muss - zu optimieren. Das von ihm vorgeschlagene Verfahren (Volder, 1959) nennt sich CORDIC-Algorithmus (**CO**ordinate **R**otation **DI**gital **C**omputer) und ist aufgrund seiner reichhaltigen Vernetzung mathematischer Themengebiete der Oberstufe Gegenstand dieses Aufsatzes.

1.1 Wie könnte[1] die Berechnung von Sinus-Werten funktionieren?

Befragt man Schülerinnen und Schüler oder interessierte Kolleginnen und Kollegen, wie Taschenrechner vermutlich trigonometrische Werte berechnen, so werden Vermutungen geäußert, dass entweder interne (also im Speicher des TR abgelegte) Tabellen - möglicherweise verbunden mit Interpolationsverfahren - genutzt oder dass die Werte mittels Potenzreihenentwicklungen ermittelt werden. Beide Möglichkeiten sind durchaus naheliegend und in der Fachliteratur mit den Begriffen *table-lookup* und *polynomial-approximation* gebräuchlich, die auch eng zusammenhängen. Eine weitere Möglichkeit sind die sogenannten *shift-and-add-Algorithmen*, zu denen auch der CORDIC-Algorithmus gehört.

1.2 Table-lookup, polynomial-approximation und shift-and-add

Ein Schüler vermutete auf meine Nachfrage hin, dass der Taschenrechner (TR) alle Sinuswerte gespeichert hat. Das ist eine leicht zu widerlegende Vermutung: Gängige TR-Modelle arbeiten mit 10-stelliger Nachkommastellengenauigkeit. Daher müssten in einer solchen Tabelle für das Intervall [0 ; $\pi/2$] in etwa 15 Mrd. Werte abgelegt sein (denn $\pi/2$ ist etwa so groß wie 1,5, und die Schrittweite muss ja 10^{-10} betragen). Damit lägen wir bei einem Speicherbedarf in einem hohen GB-Bereich (jeder Funktionswert besteht ja zudem noch aus 11 Ziffern), also dem aktueller PC's, den TR sicher nicht haben.

Näherliegend ist demnach die Vermutung, dass Sinuswerte mit Hilfe von Approximationspolynomen berechnet werden, allein schon deshalb, weil man die Potenzreihenentwicklung der Sinusfunktion in nahezu jeder handelsüblichen Formelsammlungen findet – und wozu sonst sollte diese Formel letzten Endes gut sein? Der damit verbundene Aufwand, sich Genauigkeit mit hohen Potenzen „zu erkaufen", er-

---

[1] Natürlich kann man nur vermuten, wie es bei einem konkreten Taschenrechnermodell funktioniert. Hersteller wie z.B. CASIO oder Texas Instruments wiesen auf eine diesbezügliche Nachfrage darauf hin, dass die implementierten Algorithmen jeweils unter das Betriebsgeheimnis fallen.

höht aber die Fehleranfälligkeit und lässt sich vermutlich nur CAS-basiert verläss-
lich auswerten[2].

Daher findet man z.B. den Vorschlag, Polynomapproximation mit Lookup-Tabellen
zu kombinieren (z.B. Muller, 67ff.). Hierfür unterteilt man den Definitionsbereich
(in unserem Fall das Intervall [0 ; $\pi/2$]) und berechnet für jedes Teilintervall ein
Approximationspolynom, das eine vorgegebene Genauigkeit erfüllen muss. Hier-
durch verringert sich der Grad der jeweiligen Approximationspolynome, dies „er-
kauft" man jedoch mit einer höheren Anzahl ihrer jeweiligen Koeffizienten, die im
Speicher des TR abgelegt sind – eine Strategie, die – kennt man die Idee des COR-
DIC-Algorithmus - auch nicht als überwältigend „elegant" erscheinen mag.
Der CORDIC-Algorithmus beeindruckt durch seine Einfachheit: Er beruht im Wesent-
lichen auf Halbieren und Addieren – und Halbieren ist im computernahen Binärsys-
tem nichts anderes als eine „Kommaverschiebung" (shift!). Warum diese beiden
Rechenarten ausreichen, soll im Folgenden geklärt werden.

2. Der CORDIC-Algorithmus

Wie das Akronym bereits andeutet, benutzt der CORDIC-Algorithmus die Idee der
Rotation – und zwar die eines Vektors um den Ursprung. Wir betrachten ein Beispiel:

Ein Vektor, z.B. $\overrightarrow{OA} = \begin{pmatrix} 2 \\ 1 \end{pmatrix}$, soll um ei-

nen gegebenen Winkel α um den Koor-
dinatenursprung gegen die Uhr gedreht
werden (Abb. 1).

Wir benutzen für $\overrightarrow{OA}'$ die Vektor-
schreibweise, nutzen Additionstheoreme
und formen mit Hilfe von Matrix-Vektor-
Schreibweise um:

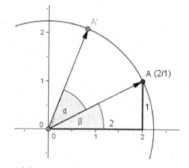

Abb.1: Rotation eines Vektors

$$\overrightarrow{OA}' = \begin{pmatrix} |\overrightarrow{OA}| \cdot \cos(\alpha + \beta) \\ |\overrightarrow{OA}| \cdot \sin(\alpha + \beta) \end{pmatrix} = |\overrightarrow{OA}| \cdot \begin{pmatrix} \cos(\alpha) \cdot \cos(\beta) - \sin(\alpha) \cdot \sin(\beta) \\ \cos(\alpha) \cdot \sin(\beta) + \sin(\alpha) \cdot \cos(\beta) \end{pmatrix}$$

$$= |\overrightarrow{OA}| \cdot \begin{pmatrix} \cos(\alpha) \cdot \dfrac{2}{|\overrightarrow{OA}|} - \sin(\alpha) \cdot \dfrac{1}{|\overrightarrow{OA}|} \\ \cos(\alpha) \cdot \dfrac{1}{|\overrightarrow{OA}|} + \sin(\alpha) \cdot \dfrac{2}{|\overrightarrow{OA}|} \end{pmatrix} = \begin{pmatrix} 2 \cdot \cos(\alpha) - 1 \cdot \sin(\alpha) \\ 2 \cdot \sin(\alpha) + 1 \cdot \cos(\alpha) \end{pmatrix} \qquad (1)$$

$$= \begin{pmatrix} \cos(\alpha) & -\sin(\alpha) \\ \sin(\alpha) & \cos(\alpha) \end{pmatrix} \cdot \begin{pmatrix} 2 \\ 1 \end{pmatrix}$$

---

[2] Der Reihenapproximation fällt im Zeitalter von CAS ohnehin immer mehr Bedeutung zu, da es CAS
wie z.B. *Axiom* gibt, die Reihen bis zu einer Abbruchordnung berechnen, diese aber mit einer Vor-
schrift abspeichern, wie sich weitere Glieder berechnen lassen (vgl. Koepf 2006, 373).

(1) ist die bekannte Matrix-Vektor Schreibweise für die Rotation eines Vektors um den Winkel α. Wählen wir anstelle von $\vec{a} = \begin{pmatrix} 2 \\ 1 \end{pmatrix}$ den Einheitsvektor $\begin{pmatrix} 1 \\ 0 \end{pmatrix}$, so erhalten wir

$$\begin{pmatrix} \cos(\alpha) \\ \sin(\alpha) \end{pmatrix} = \begin{pmatrix} \cos(\alpha) & -\sin(\alpha) \\ \sin(\alpha) & \cos(\alpha) \end{pmatrix} \cdot \begin{pmatrix} 1 \\ 0 \end{pmatrix}. \tag{2}$$

Mit (2) werden mit Hilfe der Idee des CORDIC-Algorithmus rekursiv Sinus- und Cosinus-Werte mit beliebiger Genauigkeit angenähert.

Dies kann jedoch noch nicht mit der in (2) dargestellten Form geschehen, da auf diese Weise ein Zirkelschluss entsteht. Daher wird die Rotationsmatrix noch einmal modifiziert, indem wir sie auf nur eine Winkelfunktion reduzieren und das zugrundeliegende Problem auf den Tangens transformieren:

$$\begin{pmatrix} \cos(\alpha) & -\sin(\alpha) \\ \sin(\alpha) & \cos(\alpha) \end{pmatrix} = \cos(\alpha) \cdot \begin{pmatrix} 1 & -\tan(\alpha) \\ \tan(\alpha) & 1 \end{pmatrix}$$

$$= \frac{1}{\sqrt{1 + \tan^2(\alpha)}} \cdot \begin{pmatrix} 1 & -\tan(\alpha) \\ \tan(\alpha) & 1 \end{pmatrix} \tag{3}$$

Für die $\tan(\alpha)$-Werte werden nun Näherungswerte berechnet. Hierfür approximieren wir α mit arctan-Werten inverser Zweierpotenzen. Hiermit wird in der Rekursionsformel (3) in jedem Rekursionsschritt der Wert von $\tan(\alpha)$ durch die jeweils zuvor bestimmte inverse Zweierpotenz ersetzt.

2.1 Approximation von α

Wegen der Periodizität von Sinus und Cosinus betrachten wir nur $\alpha \in [0 \, ; \, \pi/2]$. Die Approximation von α erfolgt nun mit arctan-Werten, die wir a priori berechnen und als Konstanten in den darauffolgenden Rechnungen behandeln.

Als Argumente nutzen wir inverse Zweierpotenzen und berechnen die zugehörigen arctan(2^{-i})-Werte (Tab. 1 zeigt die Werte von 2^{-i} und arctan(2^{-i}) für i = 0, …, 9 mit 10-stelliger Genauigkeit[3]).

i	2^{-i}	arctan(2^{-i})
0	1,0000000000	0,7853981634
1	0,5000000000	0,4636476090
2	0,2500000000	0,2449786631
3	0,1250000000	0,1243549945
4	0,0625000000	0,0624188100
5	0,0312500000	0,0312398334
6	0,0156250000	0,0156237286
7	0,0078125000	0,0078123411
8	0,0039062500	0,0039062301
9	0,0019531250	0,0019531225

Tab. 1

Als Beispiel wird nun $\alpha = \dfrac{\pi}{10} \approx 0,3141592654 \ (\hat{=} 18°)$ in diesem Sinne approximiert:

Wir addieren sukzessive arctan(2^{-i})-Werte, bis α erstmals übertroffen wird (dies klappt bereits im ersten Schritt):

$$\arctan\left(2^{-0}\right) = \arctan(1) = \frac{\pi}{4} \approx 0,79 > \alpha.$$

Im zweiten Schritt subtrahieren wir von arctan(1) sukzessive arctan(2^{-i})-Werte (für i≥1), bis α erstmals unterschritten wird:

$$\arctan(1) - \arctan(1/2) \approx 0,32 > \alpha$$

$$\arctan(1) - \arctan(1/2) - \arctan(1/4) \approx 0,08 < \alpha$$

Nun addieren wir wieder sukzessive arctan(2^{-i})-Werte (i ≥ 3), bis wir α erstmals wieder übertreffen:

$$\arctan(1) - \arctan(1/2) - \arctan(1/4) + \arctan(1/8) \approx 0,20 < \alpha$$

$$\arctan(1) - \arctan(1/2) - \arctan(1/4) + \arctan(1/8) + \arctan(1/16) \approx 0,26 < \alpha$$

…

Wir überschreiten α erstmals wieder für i = 7:

$$\sum_{i=0}^{0} \arctan(2^{-i}) - \sum_{i=1}^{2} \arctan(2^{-i}) + \sum_{i=3}^{7} \arctan(2^{-i}) \approx 0,31822 > \alpha.$$

Abb. 2, in der die jeweiligen arctan-Summen im Bogenmaß durch gerichtete Kreisbögen veranschaulicht werden, zeigt, wie der Punkt A durch die Punkte A', A'' und A''' angenähert wird.

---

[3] Es fällt auf, dass arctan(2^{-i})-Werte zugehörige 2^{-i}-Werte mit zunehmenden i abnehmend weniger unterschreiten. Dies lässt sich gut geometrisch veranschaulichen, da tan'(0) = 1 ist.

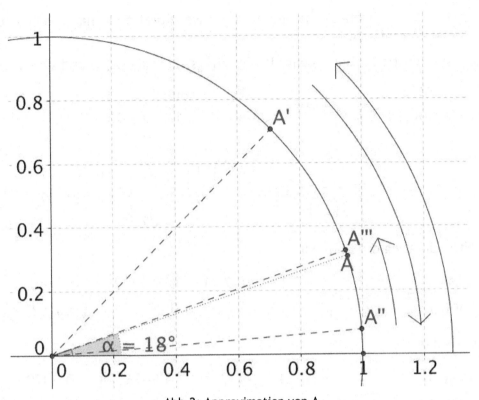

Abb.2: Approximation von A

Wir arbeiten uns numerisch noch einen weiteren Approximationsschritt vor und unterschreiten α für $i = 9$:

$$\sum_{i=0}^{0}\arctan(2^{-i}) - \sum_{i=1}^{2}\arctan(2^{-i}) + \sum_{i=3}^{7}\arctan(2^{-i}) - \sum_{i=8}^{9}\arctan(2^{-i}) \approx 0{,}31236 < \alpha \text{ usw.}$$

Um eine solche Annäherung für ein bekanntes α (der Benutzer des TR gibt diesen Wert ja ein) durchführen zu können, müssen die $\arctan(2^{-i})$-Werte – wie bereits erwähnt – natürlich a priori mit einer hinreichenden Genauigkeit[4] im Speicher des TR abgelegt sein.

2.2 Approximation von sin(α) und cos(α) mit dem CORDIC-Algorithmus

Für unser Beispiel aus 2.1 gilt also

$$\alpha \approx \sum_{i=0}^{0}\arctan(2^{-i}) - \sum_{i=1}^{2}\arctan(2^{-i}) + \sum_{i=3}^{7}\arctan(2^{-i}) - \sum_{i=8}^{9}\arctan(2^{-i})$$

Hiermit kann unsere Rekursion nun durchgeführt werden, indem in (3) α sukzessive durch $\arctan(\pm 2^{-i})$ ersetzt wird und sich $\tan(\arctan(\pm 2^{-i}))$ zu $\pm 2^{-i}$ vereinfacht. Geometrisch entspricht dies jeweils einer Rotation des Einheitsvektors um $\arctan(2^{-i})$. Unsere Approximation entspricht also einer Rotation um $\arctan(2^{0})$ nach links (Pfeilbogen zu A' in Abb.2), dann zwei Rotationen um $\arctan(2^{-1})$ und $\arctan(2^{-2})$ nach rechts (Pfeilbogen zu A'' in Abb.2), anschließend fünf Rotationen nach links

---

[4] Wenn die arctan-Werte mit einer 5-stelligen Genauigkeit im Speicher abgelegt werden, dann kann natürlich kein Näherungswert für α mit 6-stelliger Genauigkeit gefolgert werden.

(um $\arctan(2^{-3})$, ..., $\arctan(2^{-7})$) und zuletzt zwei Rotationen nach rechts (um $\arctan(2^{-8})$ und $\arctan(2^{-9})$).

Für die erste Rotation erhalten wir als Näherungswert für $\cos(\alpha)$ und $\sin(\alpha)$

$$\begin{pmatrix} \cos(\alpha) \\ \sin(\alpha) \end{pmatrix} = \frac{1}{\sqrt{1+\tan^2(\alpha)}} \cdot \begin{pmatrix} 1 & -\tan(\alpha) \\ \tan(\alpha) & 1 \end{pmatrix} \cdot \begin{pmatrix} 1 \\ 0 \end{pmatrix}$$

$$\approx \frac{1}{\sqrt{1+\left(2^0\right)^2}} \cdot \begin{pmatrix} 1 & -2^0 \\ 2^0 & 1 \end{pmatrix}\begin{pmatrix} 1 \\ 0 \end{pmatrix} = \begin{pmatrix} \frac{1}{\sqrt{2}} \\ \frac{1}{\sqrt{2}} \end{pmatrix} \approx \begin{pmatrix} 0,707107 \\ 0,707107 \end{pmatrix}$$

Als zweite Näherung erhalten wir

$$\begin{pmatrix} \cos(\alpha) \\ \sin(\alpha) \end{pmatrix} \approx \frac{1}{\sqrt{1+(-2^{-1})^2}} \cdot \begin{pmatrix} 1 & -(-2^{-1}) \\ -2^{-1} & 1 \end{pmatrix} \cdot \begin{pmatrix} 0,707107 \\ 0,707107 \end{pmatrix} \approx \begin{pmatrix} 0,948683 \\ 0,316228 \end{pmatrix},$$

als dritte Näherung

$$\begin{pmatrix} \cos(\alpha) \\ \sin(\alpha) \end{pmatrix} \approx \frac{1}{\sqrt{1+(-2^{-2})^2}} \cdot \begin{pmatrix} 1 & -(-2^{-2}) \\ -2^{-2} & 1 \end{pmatrix} \cdot \begin{pmatrix} 0,948683 \\ 0,316228 \end{pmatrix} \approx \begin{pmatrix} 0,997054 \\ 0,076697 \end{pmatrix}$$

und als vierte Näherung

$$\begin{pmatrix} \cos(\alpha) \\ \sin(\alpha) \end{pmatrix} \approx \frac{1}{\sqrt{1+(2^{-3})^2}} \cdot \begin{pmatrix} 1 & -2^{-3} \\ 2^{-3} & 1 \end{pmatrix} \cdot \begin{pmatrix} 0,997054 \\ 0,076697 \end{pmatrix} \approx \begin{pmatrix} 0,979842 \\ 0,199774 \end{pmatrix}.$$

2.3 „Formelkosmetik"

Unsere zuvor durchgeführten Näherungschritte bestehen im Kern aus einem Faktor $F_i = \dfrac{1}{\sqrt{1+\left(\pm 2^{-i}\right)^2}}$ und einer zugehörigen Matrix $M_i = \begin{pmatrix} 1 & \mp 2^{-i} \\ \pm 2^{-i} & 1 \end{pmatrix}$.

n Approximationschritte können hiermit dargestellt werden als

$$\begin{pmatrix} \cos(\alpha) \\ \sin(\alpha) \end{pmatrix} \approx F_n \cdot M_n \cdot \ldots \cdot F_0 \cdot M_0 \cdot \begin{pmatrix} 1 \\ 0 \end{pmatrix} = \prod_{i=0}^{n} F_i \cdot \prod_{i=0}^{n} M_i \cdot \begin{pmatrix} 1 \\ 0 \end{pmatrix}.$$

Offensichtlich sind die Werte von F_i von den Vorzeichen von 2^{-i} unabhängig. Demzufolge können wir $K_n = \prod\limits_{i=0}^{n} F_i = \prod\limits_{i=0}^{n} \dfrac{1}{\sqrt{1+2^{-2i}}}$ wie die arctan-Werte ebenfalls a priori ermitteln und als Konstante im Speicher des Taschenrechners ablegen.

Erfreulicherweise konvergiert das unendliche Produkt, und es ist sogar die geschlossene Berechnung von K_∞ mög-

i	K_i
0	0,7071067812
1	0,6324555320

lich. Ein Nachweis erfordert nur leider die Nutzung von Theta-Funktionen[5].

Wir beschränken uns auf eine angemessene Berechnung von K_n im Rahmen unserer Rechengenauigkeit (z.B. mit Hilfe einer Excel-Tabelle). Tab. 2 zeigt die auf zehn Nachkommastellen gerundeten Werte von K_i für i = 0, ..., 9.

Eine zehnstellige Genauigkeit (wie sie in Tab. 1 vorliegt) erreicht man mit $K_{17} \approx$ 0,6072529350.

2	0,6135719911
3	0,6088339125
4	0,6076482563
5	0,6073517701
6	0,6072776441
7	0,6072591123
8	0,6072544793
9	0,6072533211

Tab. 2

Unsere auf höchstens zehn Nachkommastellen genaue Näherungsformel können wir nun (elegant!?) schreiben als

$$\begin{pmatrix} \cos(\alpha) \\ \sin(\alpha) \end{pmatrix} \approx 0{,}6072529350 \cdot \prod_{i=0}^{n} M_i \cdot \begin{pmatrix} 1 \\ 0 \end{pmatrix}.$$

Wir können uns also zunächst auf die Matrix-Vektor-Multiplikation beschränken und multiplizieren den Ergebnisvektor anschließend mit dem K_{17}-Wert.

2.4 sin- und cos-Approximation mit Excel

Nun soll das Rechenverfahren natürlich praktisch durchgeführt werden. Hierfür wird zur besseren Übersicht der Rechenschritte eine Tabellenkalkulation benutzt. Abb. 3 zeigt den numerischen Teil, Abb. 4 die zugrundeliegenden Formeln. Wir führen die Approximation mit dem in 2.1 benutzten Wert $\alpha = \frac{\pi}{10}$ durch (Zellen D1, D2). Die von Excel berechneten Sinus- und Cosinus-Werte zu α findet man in den Zellen G1 und G2. In der Spalte A werden ab Zelle A6 die Iterationsschritte gezählt, in der Spalte B werden ab Zelle B6 die benötigten inversen Zweierpotenzen berechnet. Die Zellen C5 und D5 entsprechen dem Startvektor (Einheitsvektor). Die folgenden Werte in Spalte C und D entsprechen der x- und y-Koordinate des Vektors

$$\prod_{k=0}^{i} M_k \cdot \begin{pmatrix} 1 \\ 0 \end{pmatrix}.$$

Die Werte in Spalte E ab Zelle E6 und der Wert in Zelle K6 sind die im Speicher des Taschenrechners abzulegenden Konstanten. In Spalte F wird ab Zelle F6 der Winkel α approximiert. Hier finden wir in den Zellen F6, F7, F13 und F15 die in 2.1 berechneten Näherungen wieder. Spalte G gibt ab Zelle G6 an, ob die danebenstehende Winkelapproximation zu groß oder zu klein ist: -1 entspricht einem zu großen Wert (die Werte in G6 und G7 werden demzufolge als Vorzeichen der Zellen E7 und E8 genutzt; 1 entspricht einem zu kleinem Wert, die Werte in G8 bis G12 werden also als Vorzeichen der Zellen E9 bis E13 genutzt) und entsprechen der in 2.2

---

[5] Eine Erläuterung führt an dieser Stelle zu weit. Zum Weiterlesen empfehlen wir z.B.

http://pi.physik.uni-bonn.de/~dieckman/InfProd/InfProd.html oder

http://mathworld.wolfram.com/JacobiThetaFunctions.html

beschriebenen Rotationsrichtung. Die gesuchten Approximationswerte in den Spalten I und J erhält man dann schlussendlich, indem die Werte aus Spalte C und D jeweils mit dem Näherungswert in Zelle H6 multipliziert werden.

	A	B	C	D	E	F	G	H	I	J
1	Eingabe:		alpha (Bogenmaß):	0,3141592654	Ausgabe:	cos(alpha)	0,9510565163			
2			alpha (Gradmaß):	18		sin(alpha)	0,3090169944			
3										
4			x-Koord.	y-Koord.						
5	i	2^-i	1,0000000000	0,0000000000	arctan-Werte	alpha-Approximation	Rotationsrichtung	K	cos-Approx.	sin-Approx.
6	0	1,0000000000	1,0000000000	1,0000000000	0,7853981634	0,7853981634	-1	0,6072529350	0,6072529350	0,6072529350
7	1	0,5000000000	1,5000000000	0,5000000000	0,4636476090	0,3217505544	-1		0,9108794025	0,3036264675
8	2	0,2500000000	1,6250000000	0,1250000000	0,2449786631	0,0767718913	1		0,9867860194	0,0759066169
9	3	0,1250000000	1,6093750000	0,3281250000	0,1243549945	0,2011268858	1		0,9772976923	0,1992548693
10	4	0,0625000000	1,5888671875	0,4287109375	0,0624188100	0,2635456958	1		0,9648442629	0,2603359751
11	5	0,0312500000	1,5754699707	0,4783630371	0,0312398334	0,2947855292	1		0,9567087637	0,2904873583
12	6	0,0156250000	1,5679955482	0,5029797554	0,0156237286	0,3104092579	1		0,9521698987	0,3054359327
13	7	0,0078125000	1,5640660189	0,5152297206	0,0078123411	0,3182215989	-1		0,9497836805	0,3128747600
14	8	0,0039062500	1,5660786350	0,5091200877	0,0039062301	0,3143153688	-1		0,9510058475	0,3091646675
15	9	0,0019531250	1,5670730102	0,5060613404	0,0019531225	0,3123622463	1		0,9516096848	0,3073072342
16	10	0,0009765625	1,5665788096	0,5075916851	0,0009765622	0,3133388085	1		0,9513095801	0,3082365406
17	11	0,0004882813	1,5663309621	0,5083566162	0,0004882812	0,3138270897	1		0,9511590739	0,3087010472
18	12	0,0002441406	1,5662068516	0,5087390212	0,0002441406	0,3140712303	1		0,9510837075	0,3089332638
19	13	0,0001220703	1,5661447497	0,5089302086	0,0001220703	0,3141933006	-1		0,9510459959	0,3090493629
20	14	0,0000610352	1,5661758123	0,5088346187	0,0000610352	0,3141322655	1		0,9510648588	0,3089913156
21	15	0,0000305176	1,5661602839	0,5088824146	0,0000305176	0,3141627830	-1		0,9510554291	0,3090203398
22	16	0,0000152588	1,5661680489	0,5088585169	0,0000152588	0,3141475242	1		0,9510601444	0,3090058279
23	17	0,0000076294	1,5661641666	0,5088704658	0,0000076294	0,3141551636	1		0,9510577869	0,3090130839
24	18	0,0000038147	1,5661622254	0,5088764402	0,0000038147	0,3141589683	1		0,9510566081	0,3090167119
25	19	0,0000019073	1,5661612548	0,5088794274	0,0000019073	0,3141608757	-1		0,9510560187	0,3090185259

Abb.3: sin-/cos-Approximation mit Excel

	A	B	C	D	E	F	G	H	I	J
1	Eingabe:		alpha (Bogenmaß):	=D2/360*2*PI()	Ausgabe:	cos(alpha)	=COS(D1)			
2			alpha (Gradmaß):	18		sin(alpha)	=SIN(D1)			
3										
4			x-Koord.	y-Koord.						
5	i	2^-i	1	0	arctan-Werte	alpha-Approximation	Rotationsrichtung	K	cos-Approx.	sin-Approx.
6	0	=1	1	1	=ARCTAN(B6)	=E6	=WENN(F6<D1;1;-1)	0,607252935	=C6*H6	=D6*H6
7	1	=B6/2	=1*C6-(G6*B7)*D6	=(G6*B7)*C6+1*D6	=ARCTAN(B7)	=F6+G6*E7	=WENN(F7<D1;1;-1)		=C7*H6	=D7*H6
8	2	=B7/2	=1*C7-(G7*B8)*D7	=(G7*B8)*C7+1*D7	=ARCTAN(B8)	=F7+G7*E8	=WENN(F8<D1;1;-1)		=C8*H6	=D8*H6
9	3	=B8/2	=1*C8-(G8*B9)*D8	=(G8*B9)*C8+1*D8	=ARCTAN(B9)	=F8+G8*E9	=WENN(F9<D1;1;-1)		=C9*H6	=D9*H6
10	4	=B9/2	=1*C9-(G9*B10)*D9	=(G9*B10)*C9+1*D9	=ARCTAN(B10)	=F9+G9*E10	=WENN(F10<D1;1;-1)		=C10*H6	=D10*H6
11	5	=B10/2	=1*C10-(G10*B11)*D10	=(G10*B11)*C10+1*D10	=ARCTAN(B11)	=F10+G10*E11	=WENN(F11<D1;1;-1)		=C11*H6	=D11*H6
12	6	=B11/2	=1*C11-(G11*B12)*D11	=(G11*B12)*C11+1*D11	=ARCTAN(B12)	=F11+G11*E12	=WENN(F12<D1;1;-1)		=C12*H6	=D12*H6
13	7	=B12/2	=1*C12-(G12*B13)*D12	=(G12*B13)*C12+1*D12	=ARCTAN(B13)	=F12+G12*E13	=WENN(F13<D1;1;-1)		=C13*H6	=D13*H6
14	8	=B13/2	=1*C13-(G13*B14)*D13	=(G13*B14)*C13+1*D13	=ARCTAN(B14)	=F13+G13*E14	=WENN(F14<D1;1;-1)		=C14*H6	=D14*H6
15	9	=B14/2	=1*C14-(G14*B15)*D14	=(G14*B15)*C14+1*D14	=ARCTAN(B15)	=F14+G14*E15	=WENN(F15<D1;1;-1)		=C15*H6	=D15*H6
16	10	=B15/2	=1*C15-(G15*B16)*D15	=(G15*B16)*C15+1*D15	=ARCTAN(B16)	=F15+G15*E16	=WENN(F16<D1;1;-1)		=C16*H6	=D16*H6
17	11	=B16/2	=1*C16-(G16*B17)*D16	=(G16*B17)*C16+1*D16	=ARCTAN(B17)	=F16+G16*E17	=WENN(F17<D1;1;-1)		=C17*H6	=D17*H6
18	12	=B17/2	=1*C17-(G17*B18)*D17	=(G17*B18)*C17+1*D17	=ARCTAN(B18)	=F17+G17*E18	=WENN(F18<D1;1;-1)		=C18*H6	=D18*H6
19	13	=B18/2	=1*C18-(G18*B19)*D18	=(G18*B19)*C18+1*D18	=ARCTAN(B19)	=F18+G18*E19	=WENN(F19<D1;1;-1)		=C19*H6	=D19*H6
20	14	=B19/2	=1*C19-(G19*B20)*D19	=(G19*B20)*C19+1*D19	=ARCTAN(B20)	=F19+G19*E20	=WENN(F20<D1;1;-1)		=C20*H6	=D20*H6
21	15	=B20/2	=1*C20-(G20*B21)*D20	=(G20*B21)*C20+1*D20	=ARCTAN(B21)	=F20+G20*E21	=WENN(F21<D1;1;-1)		=C21*H6	=D21*H6
22	16	=B21/2	=1*C21-(G21*B22)*D21	=(G21*B22)*C21+1*D21	=ARCTAN(B22)	=F21+G21*E22	=WENN(F22<D1;1;-1)		=C22*H6	=D22*H6
23	17	=B22/2	=1*C22-(G22*B23)*D22	=(G22*B23)*C22+1*D22	=ARCTAN(B23)	=F22+G22*E23	=WENN(F23<D1;1;-1)		=C23*H6	=D23*H6
24	18	=B23/2	=1*C23-(G23*B24)*D23	=(G23*B24)*C23+1*D23	=ARCTAN(B24)	=F23+G23*E24	=WENN(F24<D1;1;-1)		=C24*H6	=D24*H6
25	19	=B24/2	=1*C24-(G24*B25)*D24	=(G24*B25)*C24+1*D24	=ARCTAN(B25)	=F24+G24*E25	=WENN(F25<D1;1;-1)		=C25*H6	=D25*H6

Abb.4: Formelansicht der Approximation zum „Nachbauen"

Die Daten in Spalte H und I wurden jeweils direkt mit K_{17} multipliziert. Aus diesem Grunde weichen sie von den ermittelten Näherungswerten aus 2.2 ab.

Nach knapp 20 Iterationsschritten scheint es, dass wir etwa fünf signifikante Nachkommastellen berechnet haben. Das ist sicher keine Höchstleistung in Bezug auf Konvergenzgeschwindigkeit; im Zeitalter schneller Prozessoren ist dies jedoch kein vorrangiges Programmierziel mehr.

3 Hinter den Kulissen

Der kritische Leser wird sich eventuell gefragt haben, ob mit dem zuvor beschrieben Approximationsverfahren für α mit arctan-Werten das Intervall $\left[0\,;\dfrac{\pi}{2}\right]$ vollständig abgedeckt wird. Eignet sich die Summen- und Differenzbildung der arctan-Werte also, um absolut jeden Wert des Intervalls einzuschachteln und natürlich auch das Intervall vollständig abzudecken?

3.1 Intervallgrenzen

Wir untersuchen zunächst, ob mit $\displaystyle\sum_{i=0}^{\infty}\arctan\left(2^{-i}\right)$ die Intervallobergrenze bzw. die Intervalluntergrenze mittels $\arctan(1)-\displaystyle\sum_{i=1}^{\infty}\arctan\left(2^{-i}\right)$ erreicht wird. Das ist nicht selbstverständlich, da wir in Tab. 1 gesehen haben, dass $\arctan(2^{-i})$ stets kleiner als 2^{-i} zu sein scheint. Um dies nun zu prüfen, nutzen wir die (sich im Folgenden als sehr nützlich erweisende) *Dreiecksungleichung des arctan*.

Für positive Argumente verläuft der arctan-Graph rechtsgekrümmt. In Abb. 5 wurden z.B. die Werte für arctan(0,5), arctan(1) und arctan(0,5+1) verglichen. Dies motiviert für x, y $\geq$ 0 die Behauptung

$$\arctan\left(x+y\right)\leq\arctan\left(x\right)+\arctan\left(y\right).$$

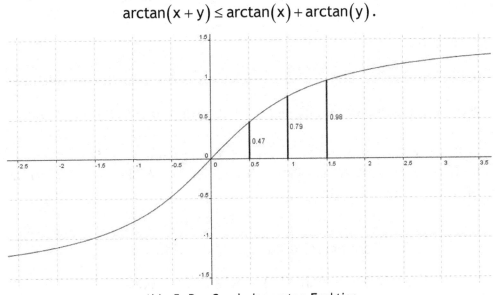

Abb. 5: Der Graph der arctan-Funktion

Wir begründen[6] die Dreiecksungleichung mit Hilfe der zum arctan gehörenden Integralfunktion:

---

[6] Für x, y $\geq$ 0 lässt sich für die Subtraktion analog $\arctan(x-y)\geq\arctan(x)-\arctan(y)$ zeigen.

$$\arctan(x+y) = \int_0^{x+y} \frac{1}{1+t^2}\,dt = \int_0^x \frac{1}{1+t^2}\,dt + \int_x^{x+y} \frac{1}{1+t^2}\,dt = \int_0^x \frac{1}{1+t^2}\,dt + \int_0^y \frac{1}{1+(t+x)^2}\,dt$$

$$\leq \int_0^x \frac{1}{1+t^2}\,dt + \int_0^y \frac{1}{1+t^2}\,dt = \arctan(x) + \arctan(y)$$

Für die Intervallobergrenze $\frac{\pi}{2}$ folgt mit der Dreiecksungleichung

$$\arctan(1) = \arctan\left(\sum_{i=1}^{\infty} 2^{-i}\right) \leq \sum_{i=1}^{\infty} \arctan\left(2^{-i}\right), \tag{4}$$

also gilt

$$\sum_{i=0}^{\infty} \arctan\left(2^{-i}\right) \geq 2 \cdot \arctan(1) = 2 \cdot \frac{\pi}{4} = \frac{\pi}{2}.$$

Für die Intervalluntergrenze 0 folgt unmittelbar aus (4), dass

$$\arctan(1) - \sum_{i=1}^{\infty} \arctan\left(2^{-i}\right) \leq 0$$

gilt. Also deckt unser Approximationsverfahren die Definitionsmenge für α sogar großzügig ab.

3.2 Konvergenz

Wir untersuchen nun, ob alle $\alpha \in \left[0\,;\frac{\pi}{2}\right]$ mittels $\arctan(2^{-i})$-Werten mit beliebiger Genauigkeit angenähert werden können. Wir suchen also eine *Intervallschachtelung* für α.

Es liegt zunächst nahe anzunehmen, dass das vorgestellte Verfahren bereits eine Intervallschachtelung induziert. Nähern wir z.B. den Winkel $\alpha = 0{,}7850$ auf die vorgestellte Weise an, so folgt:

$$\arctan(1) \approx 0{,}7854 > \alpha$$

$$\arctan(1) - \arctan(1/2) \approx 0{,}3218 < \alpha$$

$$\arctan(1) - \arctan(1/2) + \arctan(1/4) \approx 0{,}5667 < \alpha$$

$$\dots$$

$$\arctan(1) - \arctan(1/2) + \arctan(1/4) + \dots + \arctan(1/32) \approx 0{,}7847 < \alpha$$

$$\arctan(1) - \arctan(1/2) + \arctan(1/4) + \dots + \arctan(1/64) \approx 0{,}8004 > \alpha$$

Damit überschreiten wir (leider!) im 7. Approximationsschritt mit 0,8004 die Intervallobergrenze 0,7854 des 1. Approximationsschritts - so kann es also nicht funktionieren! Das vorliegende Problem entsteht, weil die Subtraktion eines arctan-Wertes (hier „-arctan(1/2)") durch die Addition folgender arctan-Werte kompensiert werden kann. Es gilt z.B.

$$\arctan(1/2) \leq \arctan(1/4) + \arctan(1/8) + \dots \leq \arctan(1)$$

oder allgemein

$$\arctan\left(2^{-i-1}\right) \underset{(1)}{\leq} \sum_{k=i+2}^{\infty} \arctan\left(2^{-k}\right) \underset{(2)}{\leq} \arctan\left(2^{-i}\right). \tag{5}$$

Beweis von (1): Mit der geometrischen Reihe und Dreiecksungleichung folgt

$$\arctan\left(2^{-i-1}\right) = \arctan\left(\sum_{k=i+2}^{\infty} 2^{-k}\right) \leq \sum_{k=i+2}^{\infty} \arctan\left(2^{-k}\right).$$

Beweis von (2): Im ersten Schritt begründen wir $\arctan\left(2^{-i}\right) \leq 2^{-i}$ für $i \geq 0$ (die bereits in Tab. 1 getroffene Beobachtung).

Dazu betrachten wir in Abb. 6 das Rechteck ABCD mit den Eckpunkten $A(0/0)$, $B(2^{-i}/0)$, $C(2^{-i}/1)$ und $D(0/1)$ und dem Flächeninhalt 2^{-i}.

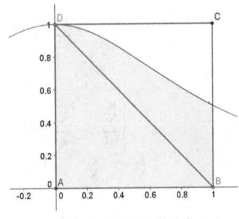

Abb. 6: Rechteck für i=0

Da $\dfrac{1}{1+x^2} \leq 1$, ist die zur Integralfunktion $\arctan\left(2^{-i}\right) = \displaystyle\int_0^{2^{-i}} \frac{1}{1+x^2} dx$ gehörende Fläche im Rechteck ABCD enthalten.

Also gilt für die Flächeninhalte $\arctan\left(2^{-i}\right) \leq 2^{-i}$. Durch Summation ab $i+2$ erhalten wir aus dieser Abschätzung

$$\sum_{k=i+2}^{\infty} \arctan\left(2^{-k}\right) \leq \sum_{k=i+2}^{\infty} 2^{-k} = 2^{-i-1}.$$

Im zweiten Schritt begründen wir $2^{-i-1} \leq \arctan\left(2^{-i}\right)$ (woraus dann (2) folgt). Dazu betrachten wir in Abb.6 das Dreieck ABD mit dem Flächeninhalt $\dfrac{1}{2} \cdot 2^{-i} = 2^{-i-1}$. Ein Vergleich der Graphen des Integranden der arctan-Funktion und der Geraden durch die Punkte B und D führt auf die Behauptung $-2^{i}x + 1 \leq \dfrac{1}{1+x^2}$. Für positive i und x genügt es schon, die Ungleichung $-x + 1 < \dfrac{1}{1+x^2}$ zu zeigen, was die wahre Aussage $x^2 - x + 1 > 0$ impliziert (da die Parabel zu $x^2 - x + 1$ keine Nullstellen besitzt). Daher ist das Dreieck ABD in der zur Integralfunktion gehörenden Fläche enthalten, und es gilt für die Flächeninhalte $2^{-i-1} \leq \arctan\left(2^{-i}\right)$.

Mit Hilfe von (5) können wir nun eine Intervallschachtelung erstellen, indem wir unser erstes Approximationsverfahren leicht modifizieren: Zur Festlegung der Ober- und Untergrenze addieren bzw. subtrahieren wir immer einen arctan-Wert mehr, als es zum Über- bzw. Unterschreiten von α erforderlich ist, um die Monotonie dieser Grenzen zu sichern. Als Startintervall[7] wählen wir $I_0 = [-1;\, 2]$. Nun approximieren wir wie in 2.1 beschrieben α und erhalten für I_1 das Intervall

$$\left[-1;\, \sum_{i=0}^{k_1+1} \arctan\left(2^{-i}\right)\right] \text{ mit } \sum_{i=0}^{k_1-1} \arctan\left(2^{-i}\right) < \alpha < \sum_{i=0}^{k_1} \arctan\left(2^{-i}\right).$$

Im Folgenden verzichten wir zur besserer Lesbarkeit auf $\arctan\left(2^{-i}\right)$ in den Summen und erhalten für I_2:

$$\left[\sum_{i=0}^{k_1} - \sum_{i=k_1+1}^{k_2+1};\, \sum_{i=0}^{k_1+1}\right] \text{ mit } \sum_{i=0}^{k_1} - \sum_{i=k_1+1}^{k_2} < \alpha < \sum_{i=0}^{k_1} - \sum_{i=k_1+1}^{k_2-1}.$$

Für I_3 folgt:

$$\left[\sum_{i=0}^{k_1} - \sum_{i=k_1+1}^{k_2+1};\, \sum_{i=0}^{k_1} - \sum_{i=k_1+1}^{k_2} + \sum_{i=k_2+1}^{k_3+1}\right] \text{ mit}$$

$$\sum_{i=0}^{k_1} - \sum_{i=k_1+1}^{k_2} + \sum_{i=k_2+1}^{k_3-1} < \alpha < \sum_{i=0}^{k_1} - \sum_{i=k_1+1}^{k_2} + \sum_{i=k_2+1}^{k_3}.$$

Nun lässt sich der Nachweis führen, dass eine Intervallschachtelung vorliegt:

1. Die Intervallbreite $|I_n|$ wird beliebig klein, da sie aus einer endlichen Summe von $\arctan\left(2^{-i}\right)$-Werten besteht, die jeweils durch 2^{-i} nach oben abgeschätzt werden können, die für beliebig große i beliebig klein werden.

2. Die Untergrenze ist stets kleiner als die Obergrenze, da man die Obergrenze aus der Untergrenze durch Addition bzw. die Untergrenze aus der Obergrenze durch Subtraktion von mindestens einem arctan-Wert erhält.

3. Die Untergrenze ist monoton wachsend. Wir vergleichen exemplarisch die Untergrenzen $\sum_{i=0}^{k_1} - \sum_{i=k_1+1}^{k_2+1}$ und $\sum_{i=0}^{k_1} - \sum_{i=k_1+1}^{k_2} + \sum_{i=k_2+1}^{k_3} - \sum_{i=k_3+1}^{k_4+1}$ von I_3 und I_4. Im „ungünstigsten" Fall gilt $k_2 + 1 = k_3$, d.h. zur Untergrenze von I_3 addieren wir nur den einen Wert $\arctan\left(2^{-(k_2+1)}\right)$. Dann muss

---

[7] Dies sind zwei willkürlich gewählte Intervallgrenzen, die durch das Approximationsverfahren nicht über- bzw. unterschritten werden können - wir verzichten hier darauf, dies für -1 und 2 zu zeigen.

$$0 \leq 2 \cdot \arctan\left(2^{-(k_2+1)}\right) - \sum_{i=k_3+1}^{k_4+1} \arctan\left(2^{-i}\right)$$

gelten. Das ist aber mit (5) und der Dreiecksgleichung sicher erfüllt, da

$$2 \cdot \arctan\left(2^{-(k_2+1)}\right) \geq \arctan\left(2 \cdot 2^{-(k_2+1)}\right) = \arctan\left(2^{-k_2}\right) = \arctan\left(2^{-(k_3-1)}\right)$$

gilt. Dass die Obergrenze monoton fallend ist, kann analog gezeigt werden.

4. CORDIC an Schule und Universität!?

Der CORDIC-Algorithmus kann prinzipiell zweierlei Zweck erfüllen: Zum einen wäre es wünschenswert, wenn Lehramtsstudenten und Lehrer zumindest exemplarisch anhand ausgewählter Funktionen eine Vorstellung davon hätten, wie Taschenrechner Werte berechnen bzw. annähern. Das faszinierende am CORDIC-Algorithmus ist vor allem, dass man für die Approximation mit den drei Operationen Halbieren, Addieren und Multiplizieren auskommt. Wie die Excel-Tabellen zeigen, wird im Kern nicht mehr benötigt!

Das vorgestellte Verfahren schließt nahtlos an schulische curriculare Vorgaben an und bietet die Möglichkeit diese auf höherem Niveau zu vertiefen und mathematische Themengebiete zu vernetzen (was leider zu oft in Schule – aber auch an der Universität – zu kurz kommt). Die Idee des Grenzwertes wird in der Schule zwar aufgegriffen (und das nicht erst in der Oberstufe), eine formale Präzisierung kann und sollte dort aber nicht stattfinden. Demzufolge erwächst für die Universität die Aufgabe, diese „Steilvorlage" aufzugreifen und (wenn möglich kontextbasiert) fachlich zu präzisieren und zu vertiefen. Insbesondere wird die Idee der Intervallschachtelung im Rahmen von G8 kaum noch in Schule thematisiert. Hier drängen sich gute Anknüpfungsmöglichkeiten an der Universität geradezu auf: Der gezeigte Konvergenznachweis über die Intervallschachtelung ist wunderbar anschaulich, aber rechnerisch sehr aufwändig im Vergleich eines Nachweises über Reihenkonvergenz (wie man ihn z.B. bei Schelin (1983) findet). Hier beitet es sich in Anfängervorlesungen an, die beiden Konvergenzuntersuchungsverfahren kontrastierend gegenüberzustellen, um die Vorzüge von Sätzen zur Reihenkonvergenz zu verdeutlichen.

Darüber hinaus spricht für den CORDIC-Algorithmus seine universelle Anwendbarkeit: Durch einfache Modifikationen der Dimension und der Komponenten der Matrix können Werte von area-, Wurzel-, hyperbolischen, logarithmischen und Exponential-Funktionen approximiert werden – er ist also ein Beispiel par excellence für einen Kontext zur Vernetzung mathematischer Themengebiete. Zum Weiterlesen empfehlen wir die Webseite von Jacques Laporte (http://www.jacques-laporte.org) oder http://de.wikipedia.org/wiki/CORDIC.

Zum anderen sehen sich Mathematiklehrer immer wieder mit dem „Problem" konfrontiert, leistungsfähige Schüler z.B. für die Anfertigung von Facharbeiten oder Referate angemessen mit Themen zu versorgen. Ausschnitte dieses Artikels können Schülern als Anregung an die Hand gegeben werden, um eine eigene Beschreibung oder einen eigenen Vortrag zum Thema anzufertigen. Der Autor hat die Erfahrung gemacht, dass, wenn in der Sekundarstufe I iterative Approximationsverfahren z.B. zur Annäherung der Kreiszahl oder das Heron-Verfahren vorgestellt und mit Hilfe des PC umgesetzt werden, dies oft auf ein hohes Interesse seitens der Schüler stößt. Vernachlässigt man beim CORDIC-Algorithmus Konvergenzbetrachtungen und analysiert zunächst nur den Kalkül, so ist die Durchführung einer Unterrichtssequenz zu diesem Thema in einem Leistungskurs (am Ende der Kurszeit) oder einer AG denkbar. Probieren Sie es aus, ihre Schüler werden es ihnen sicher nicht nachtragen.

Literatur

Beuler, Marcel (2008): CORDIC-Algorithmus zur Auswertung elementarer Funktionen in Hardware. FH-Report der Fachhochschule Gießen Friedberg.

Im Internet verfügbar unter: http://dok.bib.fh-giessen.de/opus/volltexte/2009/4148/pdf/CORDIC_Algorithmus.pdf [26.01.2011]

Muller, Jean-Michel (2006): Elementary functions. Algorithms and Implementation. Berlin: Birkhäuser Verlag.

Koepf, Wolfram (2000): Computeralgebra. Berlin: Springer-Verlag.

Schelin, Charles W. (1983): Calculator Function Approximation. In: The American Mathematical Monthly, Vol. 90, No. 5 (May, 1983), 317-325.

Im Internet verfügbar unter: http://www3.matapp.unimib.it/corsi-2005-2006/files/schelin--calculator-function-approximation.pdf [10.08.2012]

Turkowski, Ken (1990): Fixed-Point Trigonometry with CORDIC Iterations Apple Computer.

Im Internet verfügbar unter: http://www.worldserver.com/turk/computergraphics/FixedPointTrigonometry.pdf [26.01.2011]

Volder, Jack E. (1959): The CORDIC Trigonometrie Computer Technique. IRE Trans. Electronic Computation, EC-8, 3, 330-334.

Im Internet verfügbar unter: http://www.jacques-laporte.org/Volder_CORDIC.pdf [26.01.2011]

Anschrift des Autors:
Jan Hendrik Müller, Rivius-Gymnasium Attendorn, Westwall 48, 57439 Attendorn
E-Mail: jan.mueller@math.uni-dortmund.de

Geocaching: Koordinaten, Gleichungen und mehr

Hans-Detmar PELZ, Castrop-Rauxel

Abstract: Seit einigen Jahren ist die Navigation per Satellit für viele Autofahrer an der Tagesordnung. Auch GPS-Handgeräte für Wanderer haben längst ihren Platz im Alltagsleben gefunden. Was spricht dagegen, Geräte dieser Art auch im Mathematikunterricht zu verwenden? Hier werden einige Möglichkeiten des Unterrichtseinsatzes anhand einer modernen Schnitzeljagd, dem Geocaching, aufgezeigt.

1. Moderne Schnitzeljagd

Ein uraltes Spiel ist wieder in Mode gekommen: die Schnitzeljagd. Hierbei muss eine oder mehrere Personen im Gelände gesucht werden. Nicht selten wurde dabei auch ein ‚Schatz' versteckt, der aufgrund verschiedener Hinweise gefunden werden musste. Diese Hinweise waren ausgelegte Papierschnipsel, Spuren von Sägemehl oder Kreidemarkierungen, beispielsweise an Bäumen.

Eine moderne Form der Schnitzeljagd oder besser, der Jagd nach der Schatztruhe bedient sich elektronischer Hilfsmittel.

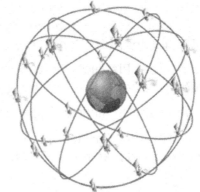

Seit Mitte der 90er Jahre ist das vom US-Verteidigungsministerium entwickelte GPS (Global Positioning System) in Betrieb und kann seit dem 02.05.2000 auch zivil genutzt werden. Dazu befinden sich ca. 30 Satelliten in verschiedenen Erdumlaufbahnen. Mindestens 24 Satelliten sind für die Positionsbestimmung aktiv und können von GPS-Empfängern genutzt werden. Wurden zunächst die GPS-Signale in der Luft- und Seefahrt genutzt, haben sie mittlerweile auch im privaten Bereich

Abb. 1: GPS-Satelliten

eine wachsende Bedeutung: Angefangen bei Navigationsgeräten in Kraftfahrzeugen reicht die Palette über Hand-GPS-Empfänger zur Orientierung im Gelände bis hin zu Mobiltelefonen und neuerdings sogar Fotoapparaten, die GPS-Signale verwenden.

2. Cache suchen und finden

Zunächst wird ein Geocache im Gelände versteckt. Meist handelt es sich dabei um eine wetterfeste Plastikdose unterschiedlicher Größe. Sie sollte nicht sofort sichtbar sein, um es einerseits dem Suchenden nicht zu leicht zu machen, andererseits sollten Zufallsfunde durch Spaziergänger vermieden werden.

Alle Geocaches haben mindestens folgenden Inhalt:

Abb. 2: Geocache im Versteck

- Aufkleber mit Erklärung, Namen und Koordinaten des Caches: Wird der Geocache zufällig gefunden, beispielsweise bei einer Aufräumungsaktion, sollte der Finder darüber informiert werden, was er dort gefunden hat und die Dose am Fundort belassen.

- Logbuch:
Jeder Finder muss sich in das Logbuch eintragen.

- Stift:
Falls der Finder keinen hat...

- manchmal ein Tauschgegenstand: Er ist von geringem Wert und dient als nette Geste. Er wird vom Finder ausgetauscht.

Abb. 3: Inhalt Geocache

Der Name und die Koordinaten des Geocaches werden im Internet veröffentlicht. Hierzu gibt es zwei große Communities, die man über die Weblinks (1) und (2) erreichen kann. Außerdem hinterlässt der Finder eine Notiz mit seinem Nickname und dem Datum des Auffindens im Internet.

Die Größe der Plastikdosen schwankt von ‚mikro' (etwa so groß wie eine Filmdose) bis zu ‚riesig' (ein etwa 20 Liter großes Gefäß).

Auch gibt es verschiedene Typen von Caches:

- Traditioneller Cache:
Diesen muss man nur finden und sich ins Logbuch eintragen.

- Frage-Cache:
Hier sind die Angaben im Internet unvollständig. Man muss zunächst diverse Aufgaben lösen, um an die vollständigen Koordinaten zu gelangen. Es ist durchaus üblich, dass man der Lösung erst vor Ort näher kommt. Beispielsweise werden die Koordinaten eines Gebäudes angegeben, über dessen Hausnummer oder an der Fassade befindlichen Jahreszahl die endgültigen Koordinaten des Caches bestimmt werden können.

- Multicache:
Hierbei handelt es sich um mehrere Caches. Im ‚Startgeocache' befindet sich der Hinweis in Form einer Aufgabe oder einfach durch Angabe von Zielkoordinaten auf den nächsten Cache. Multicaches, die über fünf Stationen laufen, sind keine Seltenheit.

Bei den Frage- und Multicaches handelt es sich häufig um lokale Bezüge. Beispielsweise geht es im Ruhrgebiet oft um die Geschichte des Bergbaus oder im Raum Dortmund um die Historie der Brauereien. Reizvoll ist auch die in Castrop-Rauxel auffindbare Serie ‚Schnapsidee', die sich um die Geschichte ehemaliger und teilweise schon vergessener Schnapsbrennereien kümmert.

3. Einordnung in den Unterricht

Es ist unschwer zu erkennen: Zunächst geht es um Koordinatensysteme. Bezeichnenderweise werden in einigen Schulbüchern die Koordinatensysteme über eine Schatzsuche eingeführt: Irgendwer sucht irgendwas im Gelände und hat eine Karte in der Hand, auf der vermerkt ist, dass er von einem markanten Punkt aus eine gewisse Anzahl Schritte in vorgegebene Himmelsrichtungen laufen soll (1, 2, 3). Eine solche Aufgabe könnte lauten:

Ein alter Pirat gibt seinem Sohn eine Karte von einer weit entfernten Insel. Er sagt zu ihm: „Auf dieser Insel habe ich eine Truhe voll mit Goldmünzen vergraben.

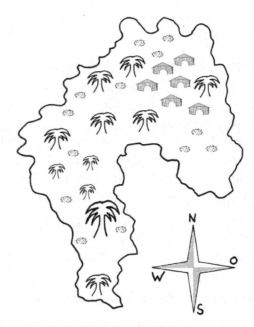

Abb. 4: Schatzinsel

Jetzt bin ich alt und schwach und kann sie selber nicht mehr holen. Wenn du dorthin kommst, lege an der Südspitze der Insel an. Nicht weit von ihr entfernt befindet sich die größte Palme der Insel. Gehe von dort aus 250 Schritte Richtung Norden, dort triffst du auf eine weitere Palme. Von dort aus gehe 300 Schritte Richtung Osten, an einem Strauch vorbei. Dann gehe noch 20 Schritte Richtung Süden und grabe nach der Truhe."

Heutzutage nennt man so etwas *Geocaching*. Dazu hätten zwei Angaben gereicht:

S 7°20.7474', E 128°33.3354'

Ist beim Piratensohn die Schrittlänge eine entscheidende Größe, beträgt die Genauigkeit mittels GPS meist 2 Meter.

Die aktuellen Richtlinien für das Gymnasium (5) und die Gesamtschule (4) in NRW formulieren als Kompetenzerwartung zum Ende der Jahrgangsstufe 6 den Umgang mit Koordinatensystemen. Dabei ist eine größtmögliche Praxisnähe gefordert. Neben den inhaltsbezogenen Kompetenzen (Arithmetik/Algebra, Funktionen, Geometrie und Stochastik) müssen prozessbezogene Kompetenzen (Argumentieren/kommunizieren, Problemlösen, Modellieren, Werkzeuge) vermittelt werden. Unter diesen Werkzeugen versteht man meist Lineal, Geodreieck, Zirkel, Computer (Tabellenkalkulationsprogramme, dynamische Geometriesoftware, in wenigen Fällen auch CAS-Programme). Da ist ein GPS-Gerät im Zusammenwirken mit Google Maps oder Google Earth eine reizvolle und attraktive Erweiterung der Werkzeugpalette.

4. Konkrete Umsetzung im Bereich Koordinatensysteme

Es ist durchaus sinnvoll, zunächst mit dem Piratenbeispiel zu beginnen. Dem Bewegungsdrang der Schüler in den Jahrgangsstufen 5 oder 6 kommt es sehr entgegen, diese Piratengeschichte auf dem Schulhof nachzustellen, indem entweder die Nordrichtung gekennzeichnet wird oder Richtungsangaben alternativ vorgegeben werden. Schnell zeigt sich, dass die Schrittlänge eine entscheidende Größe beim Auffinden des Schatzes ist. Als Lösung muss ein Abstandsraster, oft Quadratgitter genannt, her (2, 3).

4.1 Nutzung von Landkarten

Fast alle Schulbücher wählen als Folgeschritt die Orientierung auf einer Landkarte, meist aber in Stadtplänen. Diese sind mit einem Quadratgitter überzogen, zunächst wie ein Schachbrett mit Hilfe von Buchstaben eingeteilt. (6) und (7) gehen recht schnell dazu über, das Gradnetz der Erde zu erläutern, einige Bücher bieten sogar explizite Übungen dazu an (6, 8); selbst in (1) findet sich ein Hinweis auf das Grandnetz der Erde, weit bevor es GPS gab.

Auch aus dem Erdkundeunterricht (bzw. Gesellschaftslehre an den Gesamtschulen) ist den Schülern die näherungsweise Kugelgestalt der Erde bekannt, ebenso das dazu gehörende Gitternetz. Auch bereitet den Schülern die Vereinfachung, dieses Gitternetz als Quadratgitter anzunähern, wenn man einen Stadtplan oder eine Wanderkarte vor sich liegen hat, keine Schwierigkeiten.

Eine einführende Übung könnte lauten:

Nimm deinen Schulatlas zur Hand und schlage die Deutschlandkarte auf.

- *Zwischen welchen Längengraden liegt Deutschland?*

- *Zwischen welchen Breitengraden liegt Deutschland?*

- *Nenne mindestens 5 deutsche Städte, die in der Nähe des achten Längengrades liegen.*

- *In der Nähe welchen Längengrades liegen Augsburg, Chemnitz, Hamburg, Nürnberg, Rostock, Saarbrücken?*

- *Welcher Breitengrad liegt in der Nähe von Bielefeld, Bremen, Dresden, Karlsruhe, Münster?*

- *Welche große Stadt befindet sich in der Nähe vom Breitengrad 51 und Längengrad 11 (51°N 11°O)?*

- *Welche Stadt liegt nahe 48°N, 8°O?*

- *Welche Stadt liegt ungefähr bei 49°N, 12°O?*

- *Welche ungefähren Koordinaten hat Rostock?*

Deutschlands geografische Lage hat den für den mathematischen Anfangsunterricht angenehmen Vorteil, dass seine Geokoordinaten im ersten Quadranten des Koordinatennetzes liegen. Damit ist das Thematisieren eines Koordinatensystems in der Jahrgangsstufe 5 ohne negative Zahlen möglich, weist aber schon im Ansatz darauf hin, dass auch links von der Hochachse und unterhalb der Rechtsachse eines Koordinatensystems noch Möglichkeiten geschaffen werden müssen, um Orte zu kennzeichnen. Bei Einführung der negativen Zahlen (üblicherweise in der Jahrgangsstufe 6) kann dann auf diesen Umstand verwiesen werden.

Schnell wird den Schülern klar, dass diese Einteilung zu grob und eine Verfeinerung notwendig ist.

4.2 Kugelkoordinaten

Möglicherweise kann man die Schüler über die genauere Bedeutung und damit der Notwendigkeit der Verwendung von Winkeln informieren (Abb. 5). Mehr als ein Globus hilft dabei die Verwendung eines durchsichtigen Plastik-Wasserballs mit aufgedrucktem Globus und Gitternetz, um damit die Schülervorstellung, im Zentrum der Weltkugel zu sitzen und von dort aus einzelne Punkte auf der Oberfläche anzupeilen, zu beflügeln.

Abb. 5: Wasserball-Globus

4.3 Erste Schritte mit dem GPS-Gerät

Einfache Geräte mit der Möglichkeit, Zielkoordinaten einzugeben und sich dorthin leiten zu lassen, gibt es schon ab ca. 80 Euro, mit Unterstützung des Fördervereins dürfte es möglich sein, fünf bis sechs dieser Geräte anzuschaffen. Die technische Einführung für die Schüler gestaltet sich problemlos, bedenkt man, dass man eine erfahrene Handygeneration mit viel Erfahrung auf dem Sektor elektronischer Kleingeräte unterrichtet.

Am Anfang sind folgende Beobachtungsaufträge sinnvoll:

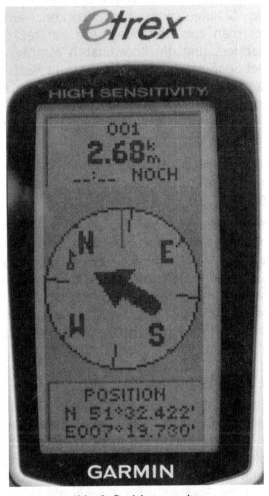

Abb. 6: Positionsanzeige

- *Laufe über den Schulhof und beobachte, wie sich die Anzeige verändert.*

- *Versuche nun einen Weg zu finden, bei dem sich die Anzeige der Nordkoordinate nicht ändert.*

- *Wie viele Schritte musst du machen, damit sich die letzte Stelle der Ostkoordinate ändert?*

- *Finde jetzt einen Weg, bei dem sich die Anzeige der Ostkoordinate nicht ändert.*

- *Wie viele Schritte musst du machen, damit sich die letzte Stelle der Nordkoordinate ändert?*

- *Gibt es Unterschiede bei der Schrittanzahl? Erkläre!*

Danach sollten die Schüler einzelne markante Punkte (Haupteingang, Schultor, Parkplatz des Mathematiklehrers, Schulgarten, Hinterausgang der Schule, etc.) finden. Es sollte sich eine Diskussion anschließen: Genauigkeit der Geräte, woran liegt das, in welchem Umkreis wird man später das Objekt suchen müssen?

4.4 Suchen

Danach darf endlich gesucht werden.

Vorher sollte sich der Lehrkörper einen pädagogischen Spaziergang über das erweiterte Schulgelände gönnen, geeignete Verstecke erkunden und die Koordinaten notieren.

Mittels Google Maps oder Google Earth ist es problemlos möglich, eine Karte des Schulgeländes auszudrucken, auf der man zur Kontrolle diese Verstecke markiert und die Koordinaten einträgt. Viel Spaß macht den Schülern ein Multicache: In der ersten Dose stehen die Koordinaten des zweiten Caches, in dieser die des dritten und im letzten Cache die des ersten Versteckes.

Vorher sollte mit den Schülern besprochen werden, wie man die Zielkoordinaten in das GPS-Gerät einträgt:

Abb. 7: Navigationsgerät

Mittels der Funktion ‚GoTo' erscheint bei jedem Gerät ein Pfeil, der in die richtige Richtung weist (Abb. 7). Wichtig zu wissen: dieser ‚Kompasspfeil' funktioniert nur richtig, wenn man sich bewegt, denn es wird im Gerät mindestens einmal pro Sekunde seine Position ermittelt und daraus die Richtung bestimmt, in der man sich momentan bewegt. Außerdem ist das Ziel nur mit einer Genauigkeit von wenigen Metern (Abweichung zwischen 2 und 10 Meter, abhängig vom Gelände) zu finden. Somit ist die Suche des Verstecks im Umkreis unerlässlich, was wiederum einen gewissen Reiz für die Schüler darstellt.

4.5 Umrechnungen

Die traditionelle Angabe von Geokoordinaten geschieht in Grad, Minuten und Sekunden. Doch nicht immer ist diese Darstellung erwünscht. Viele Navigationsgeräte, Auto fahrende Eltern besitzen heutzutage ein solches Gerät, verzichten auf die Sekundenangabe und verlangen die Angabe der Minuten in Dezimalschreibweise. Denn neben der üblichen Angabe von Ort und Straße sowie Hausnummer können bei solchen Geräten auch Geokoordinaten angegeben werden. Beispielsweise geben mittlerweile der ADAC-Campingführer und diverse Stellplatzführer für Reisemobile neben der Adresse auch die Geokoordinaten an.

An dieser Stelle kann die Analogie zur Uhr aufgezeigt werden. Denn in beiden Fällen hat eine Minute 60 Sekunden, so dass beispielsweise 23 Minuten und 45 Sekunden sich als 23,75 Minuten darstellen lassen (Abb. am Ende des Artikels).

Es ist auch durchaus möglich, bei Google Maps Koordinaten einzugeben und sich dann den Ort auf der Karte anzeigen zu lassen. Allerdings bevorzugt Google hier die Koordinatenangabe vollständig als Dezimalzahlen. Beispielsweise findet man unter der Eingabe 51.491915, 7.414843 das Mathematikgebäude der Universität Dortmund. Hierbei ist die Zahl vor dem Komma die dezimale Angabe des Breitengrades, nach dem Komma ist der Längengrad angegeben, beides in amerikanischer Zahlennotation (Punkt anstelle von Komma bei Dezimalzahlen). Negative Zahlen bezeichnen dann die Süd- bzw. Nordrichtung, eine schöne Analogie zu den im Unterricht verwendeten Koordinatensystemen. Hier stellt die Süd-Nord Richtung die y-Achse und die West-Ost-Richtung die x-Achse dar.

Somit wird die Christusstatue in Rio de Janeiro

mit den Koordinaten 22° 57' 07" S, 43° 12'38" W

in dezimaler Schreibweise unter: -22.95192, -43.21048 gefunden.

Spätestens wenn man die Google Maps Funktion ‚Was ist hier?' benutzt (einen Ort auf der Karte mit der rechten Maustaste anklicken), werden dezimale Gradangaben gemacht.

5. Umsetzung im Bereich Gleichungen

Gleichungen lösen ist für manche Schüler emotional wenig positiv besetzt. Gelegentlich wird die Sinnfrage gestellt, die aus Schülersicht nicht immer einsichtig zu beantworten ist. Oft ist der Bewegungsdrang größer als der Drang, etwas auszurechnen. Experimentieren und Knobeln kommt ihnen da schon eher entgegen. Mit einer geschickten Kombination davon kann man ihnen das Rechnen ein bisschen versüßen: Geocaching mit Variablen.

Es werden die Koordinaten nur unvollständig angegeben, etwa in der Form, wie es Abb. 8 zeigt (die Gleichungen sind willkürlich gewählt und haben keinen Realbezug). Geschickterweise lässt man die Startkoordinaten (jede Gruppe startet woanders) im Klassenraum berechnen, um sicher zu gehen, dass zumindest ein Ziel gefunden wird. Anschlussaufgaben befinden sich dann in den einzelnen Caches. Wichtig: Vereinbarung einer Zeit, wann die Schüler sich wieder im Klassenraum einfinden müssen.

Löse die Gleichungen, um die Koordinaten zu vervollständigen:

Cache 1:

N x° y,741', E 007° a,b95'

$$\frac{x}{3} + 22 = 39$$

$$2 \cdot y - 55 = y - 22$$

$$3 \cdot (a - 12) = 6 \cdot (a + 3) - 4 \cdot (a + 5) - 16$$

$$3 \cdot (2 \cdot b - 7) - 13 = b - 9$$

Lösung:

N 51° 33,741', E 007°, 18,595'

Cache 2:

N x1° 33,y0', E 00a° 1b,y8'

$$5 \cdot x - 40 = -15$$

$$\frac{y}{7} \cdot 5 - 38 = 12$$

$$3 \cdot (4 \cdot a - 6) + 28 = 9 \cdot a - 3 \cdot (4 - 2 \cdot a) + 1$$

$$2 \cdot (b - 5) - 3 \cdot (2 - b) = 3 \cdot b$$

Abb. 8

6. Geokoordinaten und der Satz des Pythagoras

Hier sollten die Entfernungen nicht zu groß sein, damit man die zu messenden Entfernungen noch als Problem in der Ebene annähern kann.

6.1. Die Seemeile

Im Verlauf des Schullebens ist den Schülern der Begriff Seemeile bereits untergekommen. Wieso hat diese eine Länge von 1,852 km? Möglich wäre ein Impuls der folgenden Art:

Die Längenkreise der Erdkugel haben alle dieselbe Länge, da sie alle durch den Nord- und Südpol verlaufen. Der Erdumfang beträgt hierbei ca. 40.000 km. Als Winkel vom Erdmittelpunkt aus betrachtet entspricht das 360°.

Wie viel km entspricht 1°?

Bekanntlich gilt: 1° = 60'.

Wie viel km entspricht 1'?

Diese Entfernung hat in der Seefahrt eine große Bedeutung: Es ist eine Seemeile (1 sm).

Haben die Breitenkreise auch alle dieselbe Länge? Erkläre!

6.2 Länge der Bogenminuten

Damit ist die konstante Länge einer Bogenminute in Nord-Süd-Richtung geklärt. Betrachtet man die Breitenkreise, dann kommen der Sinus und der Kosinus ins Spiel (Klasse 9 Gymnasium, Klasse 10 an den Gesamtschulen NRW), und so bietet Geocaching in den Folgejahren wieder die Möglichkeit, angewandte Mathematik zu betreiben.

Entfernungen bestimmen

Zwischen dem 51-ten und 52-ten Breitengrad entspricht 1° etwa der Entfernung von 70 km, das ist etwa 1,16 km pro Minute.

Bei den Längengraden entspricht eine Minute immer 1 sm (1852 km).

Berechne die Entfernung per Luftlinie folgender zwei Industriedenkmäler im Ruhrgebiet:

Sonnenuhr in Castrop-Rauxel

  51° 32,76' N, 7° 20,22' E

Villa Hügel in Essen

  51° 25,33' N, 7° 7,75' E

Entfernung in Ost-West-Richtung:

  20,22' – 7,75 = 12,47'

  12,47 * 1,16 = 14,47 km

Entfernung in Nord-Süd-Richtung:

  32,76' – 25,33' = 7,43'

  7,43 * 1,852 km = 13,76 km

Mit dem Satz des Pythagoras folgt:

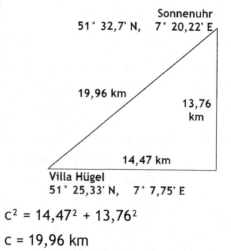

$$c^2 = 14,47^2 + 13,76^2$$

$$c = 19,96 \text{ km}$$

Abb. 9: Entfernungsbestimmung

7. Trigonometrie

Letztlich bleibt noch zu klären, weshalb die Breitenkreise unterschiedliche Längen haben. Hierzu stellt man sich die Erdkugel längs der Nord- Süd- Achse aufgeschnitten vor (Abb. 10).

Der Radius des Breitengrades bei $51°$ ergibt sich als $6370 \cdot \cos(51°)$ und liegt somit bei ca. 4000 km.

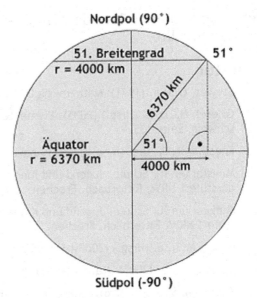

Abb. 10: Längsschnitt durch die Erdkugel

Da es sich um einen Breitenkreis handelt, muss dessen Umfang berechnet werden; es ergibt sich

$$U = 2 \cdot \pi \cdot 4.000 \, \text{km} \approx 25.132 \, \text{km}.$$

Teilt man dies durch $360°$, ergibt sich eine Entfernung von knapp 70 km pro Grad. Division durch 60 liefert 1,16 km pro Bogenminute.

Diese Dinge können recht gut in den Abschlussklassen der Sekundarstufe 1 geklärt werden.

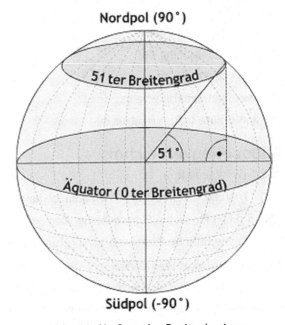

Abb. 11: Umfang des Breitenkreises

8. Ausblick

Geocaching ist mittlerweile ein Volkssport geworden. Weltweit gibt es momentan etwa 1,5 Millionen aktive Caches, in Deutschland etwa 200.000. Mit der schnellen Verbreitung der Navigationsgeräte für PKWs ist GPS und deren Einsatzgebiet längst kein Fremdwort mehr. Was liegt da näher, dieses Instrument auch im Schulunterricht zu verwenden, zumal die Richtlinien völlig zu Recht immer mehr Praxisbezüge im Mathematikunterricht fordern?

Außerdem kennt jeder Lehrer die schönen Sommertage, an denen gerade die jüngeren Schüler gerne eine Unterrichtsstunde im Freien verbringen würden. Auch dem Bewegungsdrang der Unterstufenschüler wird damit Rechnung getragen. Hier bietet die Suche im Gelände per GPS-Gerät eine Chance, die man nicht verstreichen lassen sollte.

Literatur

(1)   Krewer, G. u.a. (1991): Mathematik OS 5, Westermann, Braunschweig, Seite 69.

(2)   Griesel, H., u. a. (Hrsg.) (2005): Elemente der Mathematik, 5. Schuljahr, Schroedel, Braunschweig, Seite 135.

(3)   Engelhardt, J., u.a. (Hrsg.) (1997) Abakus 5, Gymnasium, Schöningh, Paderborn, Seite 123.

(4)   Ministerium für Schule, Jugend und Kinder (2004): Kernlehrplan für die Gesamtschule Sekundarstufe 1 NRW, Ritterbach, Frechen.

(5)   Ministerium für Schule, Jugend und Kinder (2004): Kernlehrplan für das Gymnasium Sekundarstufe 1 NRW, Ritterbach, Frechen.

(6)   Lenze, M. u. a. (Hrsg.) (2009): Sekundo 5 Mathematik, Westermann Schroedel, Braunschweig.

(7)   Eckelt, I. u. a. (2002): Mathematik 5, Westermann, Braunschweig.

(8)   Kliemann, S. u. a. (2006): mathelive5, Klett, Stuttgart.

(9)   Pelz, H.-D., u. a. (2006): Mathematik 5, Duden-Paetec, Berlin.

Weblinks

(1) www.geocaching.de

(2) www.opencaching.de

(3) www.cachewiki.de

(4) www.mathematik.wbg-cas.de

(5) www.route-industriekultur.de

Bildquellenverzeichnis

Abb.1 (Wikimedia):

http://upload.wikimedia.org/wikipedia/commons/4/42/GPS-24_satellite.png

Abb. 5 (LEIFI Physik am Rupprecht-Gymnasium, München):

http://www.leifiphysik.de/web_ph12/grundwissen/12himmelskugel/winkelerde.gif

Abb. 6 (absatzplus Werbeartikel):

http://www.absatzplus.com/media/catalog/product/cache/2/image/
9df78eab33525d08d6e5fb8d27136e95/80000/image/19538615-wasserbaelle-_wasserspielzeug-_spielbaelle-_sommer.jpg

Anschrift des Autors:
Hans-Detmar Pelz
Westhofenstr. 51, 44577 Castrop-Rauxel
E-Mail: hans.detmar.pelz@arcor.de

Information: Geokoordinaten

Wie du bestimmt schon weißt, ist die Erde mit einem gedachten Gitternetz, dem Gradnetz überzogen. Man teilt es in *Längengrade* und *Breitengrade* ein.

Die Längengrade (auch: *Meridiane*) verlaufen vom Nordpol zum Südpol.

Man hat einen *Nullmeridian* (Längengrad 0) festgelegt.

Er verläuft durch Greenwich, einem Ortsteil von London.

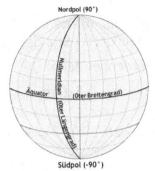

Die *Breitengrade* verlaufen von Osten nach Westen. In der ‚Mitte' der Erde (der Stelle mit dem größten Umfang) hat man den *Äquator* festgelegt. Dieser ist der Breitengrad 0.

Der Abstand zwischen den Breitengraden ist immer gleich groß, der Abstand zwischen den Längengraden nicht. Am Nord- und Südpol laufen die Längengrade zusammen, am Äquator haben sie den größten Abstand voneinander.

Deshalb kann man die Koordinaten nicht in Meter oder Kilometer angeben, sondern muss Winkel benutzen.

Dazu stellen wir uns vor, wir stehen in der Mitte der Erdkugel und drehen uns einmal im Kreis herum. Diese Drehung entspricht einem Winkel von 360°. Man hat sich aber darauf geeinigt, vom Nullmeridian aus maximal eine halbe Drehung (180°) nach links, also nach Osten oder eine halbe Drehung nach rechts, also nach Westen zu machen. Man sagt zum Beispiel: 35° Ost oder 98° West.

Diese Drehung ist im der Zeichnung mit λ gekennzeichnet.

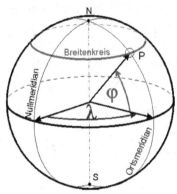

Genauso funktioniert die Winkelangabe in Nord- Süd-Richtung, in der Zeichnung mit φ gekennzeichnet. Hier geht man vom Äquator aus. Man spricht zum Beispiel von 52° Nord oder von 78° Süd.

So liegt Paris etwa 49° Nord, 2° Ost. Man schreibt: 49°N, 2°E. Als Abkürzung benutzt man die englische Bezeichnung (North, West, South, East). Dabei kann man für ‚Osten' auch den Buchstaben O nicht mit der Ziffer 0 verwechseln.

Weil das Gradnetz zu grob ist, muss man es verfeinern:

   1 Grad = 60 Minuten, man schreibt 1° = 60'.

   1 Minute = 60 Sekunden, man schreibt 1' = 60''.

Oftmals werden statt Minuten und Sekunden die Minutenangaben als Dezimalzahl gemacht.

Damit ist die Position von Paris: 48° 51' N, 2° 21' E. Tokio: 35° 41' N, 139° 46' E

Berlin liegt bei 52° 31' N, 13° 24' E, Sydney bei 33° 51' S, 151° 12' E.

Die Stadt New York: 40° 43' N, 74° 0' W, San Francisco: 37° 47' N, 122° 25' W.

Information: Umwandlung Grad, Minuten, Sekunden

Von der Uhr weißt du bereits, dass eine Minute sechzig Sekunden hat. Nebenstehende Uhr zeigt 13 Uhr, 47 Minuten und 52 Sekunden.

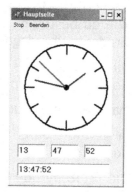

Manchmal werden auch Angaben benutzt wie: 1,5 Stunden, zweieinviertel Stunde, sechseinhalb Minuten.

Man rechnet dann:

$$1,5\,h = 1h + 0,5 \cdot 60\,min = 1h + 30\,min = 60\,min + 30\,min = 90\,min$$

$$2\frac{1}{4}h = 2h + \frac{60\,min}{4} = 2 \cdot 60\,min + 15\,min = 135\,min$$

$$6,5\,min = 6\,min + 0,5 \cdot 60\,s = 6 \cdot 60\,s + 30\,s = 390\,s$$

Andersherum kann man die Stunden und Minuten auch in Dezimalform angeben:

So sind z. B. $3h\,42\,min = 3h + 42\,min = 3h + \frac{42}{60}h = 3h + 0,7h = 3,7h$.

Dabei ist $\frac{42}{60} = 0,7$. Beachte: 1 min = 1/60 h.

Genauso rechnet man bei 8 Minuten und 53 Sekunden (1 s = 1/60 min):

$$8\,min + 53\,s = 8\,min + \frac{53}{60}\,min = 8\,min + 0,88\overline{3}\,min = 8,88\overline{3}\,min.$$

Auf dieselbe Weise werden die Winkelangaben umgerechnet:

Beispiel: 7° 19,730' E (Ost): $19,730\,min = 19\,min + 0,73 \cdot 60\,s = 19\,min + 43,8\,s$.

Für die Sekundenangabe gibt es keine kleinere Einheit mehr, so dass gilt:
7° 19,730' E = 7° 19' 43,8'' E

Andersherum rechnet man zum Beispiel für 51° 32' 25,32'' N (Nord)

$$32\,min + 25,32\,s = 32\,min + \frac{25,32}{60}\,min = 32\,min + 0,422\,min = 32,422\,min.$$

51° 32' 25,32'' N = 51°32,422' N

Soll ein Zeitraum von 2 Stunden, 35 Minuten und 23 Sekunden als Stunden angegeben werden, muss man wissen: 1 min = 1/60 h und 1 s = 1/3600 h:

$$2h + 35\,min + 23\,s = 2h + \frac{35}{60}h + \frac{23}{3600}h = 2h + 0,58\overline{3}h + 0,0063\overline{8}h \approx 2,589h$$

Genauso rechnet man Geokoordinaten um, z. B. die obigen 51° 32' 25,32'' N:

$$51° + 32\,min + 25,32\,s = 51° + \left(\frac{32}{60}\right)^\circ + \left(\frac{25,32}{3600}\right)^\circ \approx 51,5404°.$$

Im ICE von Hamm nach Bielefeld

Mit GPS und Google bekommt auch eine Prüfungsaufgabe „Pfiff"

Wolfgang RIEMER, Köln

Abstract: Die Untersuchung von Bewegungsfunktionen gehört zur Analysis wie das Dreieck zur Geometrie. GPS-Empfänger (auch in Smartphones) zeichnen Bewegungen sekundengenau als Tracks auf. Mit Google lassen sich diese Tracks in Landkarten visualisieren, animiert nachfahren und durch Funktionsgraphen beschreiben. Damit eröffnen sich dem Mathematikunterricht völlig neue Brücken in die Realität. Man könnte von einem „Quantensprung" in Richtung Authentizität und Überprüfbarkeit von Modellbildungsprozessen sprechen.

0. Einleitung

Seit 2011 sind in Nordrhein-Westfalen in der Klassenstufe 10 zentrale Vergleichsarbeiten verbindlich: Man versucht, Aspekte der Wirklichkeit mithilfe von ganzrationalen Funktionen zu beschreiben und Steigungen, Extremstellen und Wendepunkte von Funktionsgraphen in inhaltlichem Kontext zu deuten. Dafür ist die folgende „Steckbriefaufgabe" [1] ein schönes Beispiel, das zum Weiterdenken, zur kritischen Modellbewertung einlädt ... und jeden GPS-Besitzer zum Nachmessen und Modellieren herausfordert.

1. Die Trainingsaufgabe und ihre Musterlösung

Aufgabe 5   ICE-Fahrplan

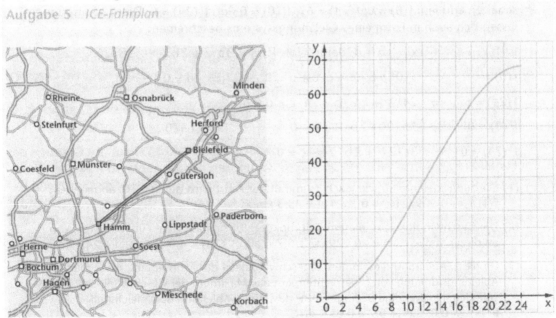

Ein ICE benötigt für die etwa 67 km lange Strecke von Hamm/Westfalen nach Bielefeld Hbf. ungefähr 24 Minuten (= 0,4 h). Die Fahrt kann näherungsweise durch den Graphen einer ganzrationalen Funktion 3. Grades modelliert werden.

a) Begründen Sie, warum typische Eigenschaften einer Fahrt von einem Bahnhof zum nächsten durch einen solchen Graphen beschrieben werden können.

b) Geben Sie charakteristische Eigenschaften des Graphen an, durch die der Funktionsterm der ganzrationalen Funktion bestimmt werden könnte.

c) Der abgebildete Graph hat die Funktionsgleichung $f(x) = -0{,}0097\,x^3 + 0{,}35\,x^2$.

   (1) Welche Strecke hat der Zug nach 10-minütiger Fahrzeit ungefähr zurückgelegt?

   (2) Welche Geschwindigkeit hat der Zug zu diesem Zeitpunkt erreicht? Geben Sie diese in der Einheit km/h an.

   (3) Zu welchem Zeitpunkt ist die Geschwindigkeit des Zuges am größten? Wie groß ist diese Höchstgeschwindigkeit? Vergleichen Sie diese mit der Durchschnittsgeschwindigkeit auf der Strecke.

   (4) Unterwegs fährt der Zug durch den Bahnhof von Gütersloh, das 17 km von Bielefeld entfernt liegt. Nach welcher Fahrzeit ist dies ungefähr der Fall? Welche Geschwindigkeit hat der Zug dort gemäß der Modellierung?

Abb. 1a: Die Trainingsaufgabe...

Lösung:

a) Bevor ein Zug anfährt bzw. wenn er am Zielort angekommen ist, hat er die Geschwindigkeit null, d. h. die Tangente an den Graphen ist horizontal. Die Geschwindigkeit des Zuges nimmt langsam zu, bis er seine Höchstgeschwindigkeit erreicht hat; danach nimmt die Geschwindigkeit wieder ab, bis der Zug im Zielbahnhof zum Halten kommt.

b) Ein Funktionsgraph, der den Vorgang angemessen beschreibt, muss folgende Eigenschaften erfüllen: $f(0) = 0$; $f(24) = 67$; $f'(0) = 0$ und $f'(24) = 0$. Diese Bedingungen lassen sich auch in Form eines Gleichungssystems beschreiben:

Ist $f(x) = a\,x^2 + b\,x^3 + c\,x + d$, dann folgt: $f'(x) = 3\,a\,x^2 + 2\,b\,x + c$, also:

$$f(0) = 0 \quad \Leftrightarrow \quad a \cdot 0^3 + b \cdot 0^2 + c \cdot 0 + d = 0 \qquad \Leftrightarrow \quad d = 0$$

$$f(24) = 67 \quad \Leftrightarrow \quad 24^3 \cdot a + 24^2 \cdot b + 24 \cdot c + d = 67$$

$$f'(0) = 0 \quad \Leftrightarrow \quad 3\,a \cdot 0^2 + 2\,b \cdot 0 + c = 0 \qquad \Leftrightarrow \quad c = 0$$

$$f'(24) = 0 \quad \Leftrightarrow \quad 3a \cdot 24^2 + 2b \cdot 24 + c = 0$$

c) (1) Die zurückgelegte Strecke nach 10-minütiger Fahrt wird durch $f(10)$ angegeben:
$f(10) = -0{,}0097 \cdot 10^3 + 0{,}35 \cdot 10^2 = 25{,}3$ km.

   (2) Die Geschwindigkeit zu diesem Zeitpunkt ergibt sich aus dem Funktionswert von f' an dieser Stelle: $f'(x) = -0{,}0291\,x^2 + 0{,}7\,x$, also $f'(10) = 4{,}09$ km/min ≈ 245 km/h.

   (3) Da die 1. Ableitung die Momentangeschwindigkeit der Fahrt angibt, muss man die Ableitungsfunktion von f' betrachten, um das Maximum der Geschwindigkeit herauszufinden. Notwendige Bedingung ist, dass die 2. Ableitung dort gleich null ist:
$f''(x) = -0{,}0582\,x + 0{,}7 = 0 \Leftrightarrow x \approx 12$.

   Aus dem Sachzusammenhang ergibt sich, dass dies das Maximum ist. Man kann auch mit dem VZW der 2. Ableitung argumentieren: Die Werte der 2. Ableitung (lineare Funktion mit negativer Steigung) sind links von der Nullstelle positiv, rechts davon negativ.

Alternative Überlegung: Da der Graph einer ganzrationalen Funktion 3. Grades punktsymmetrisch zum Wendepunkt ist, kann man erschließen, dass die maximale Geschwindigkeit genau in der Mitte zwischen den Extrempunkten (0|0) und (24|67) angenommen wird.

Die Höchstgeschwindigkeit ist:
$f'(12) = -0,0291 \cdot 12^2 + 0,7 \cdot 12 \approx 4,21$ km/min ≈ 253 km/h.

Dagegen gilt für die Durchschnittsgeschwindigkeit:

$$\bar{v} = \frac{67\ km}{24\ min} = \frac{67}{24} \cdot 60\ \frac{km}{h} = 167,5\ \frac{km}{h}.$$

(4) Gesucht ist der Zeitpunkt, zu dem die Strecke 50 km zurückgelegt wurde. Aus dem Graphen ergibt sich, dass dies ungefähr nach 16 Minuten der Fall ist (Kontrollrechnung: $f(16) = -0,0097 \cdot 16^3 + 0,35 \cdot 16^2 \approx 50$ km).

Es gilt: $f'(16) \approx 3,75$ km/min ≈ 225 km/h.

Abb. 1b: ... und ihre Musterlösung

In Aufgabenteil a) soll begründet werden, dass sich die „Zeit→Weg"-Funktion einer Fahrt auf der Strecke zwischen Hamm und Bielefeld näherungsweise durch eine ganzrationale Funktion dritten Grades beschreiben lässt. Dabei wird der Funktionsterm zur Kontrolle mit $f(x) = -0,0097 \cdot x^3 + 0,25$ angegeben, wobei x die Fahrzeit in Minuten ist und f(x) die Wegstrecke in km bezeichnet.

Die Schüler sollen in dieser Aufgabe dokumentieren, dass sie Steckbriefaufgaben lösen und Ableitungen inhaltlich deuten können. Es handelt sich um eine „eingekleidete" Aufgabe, bei deren Lösung sich Schüler und Lehrer augenzwinkernd einig sind, dass sie die „wirkliche" Realität" nur sehr bedingt beschreibt, aber dass man solche Aufgaben „können" muss, um Prüfungen zu bestehen.

2. Fragen stellen

Wenn man aber „Modellierungskompetenz" ernst nimmt und Schüler bittet, die Modellierung durch eine ganzrationale Funktion und ihre Rechenergebnisse mit gesundem Menschenverstand zu bewerten, stellen sie viele intelligente Fragen:

- Ist die Bahnstrecke zwischen Hamm und Bielefeld wirklich so geradlinig wie in der Aufgaben-Skizze eingezeichnet?
- Fahren Züge beim Passieren von Bahnhöfen (Gütersloh 17 km vor Bielefeld) nicht deutlich langsamer als auf freier Strecke?
- Wenn die Zeit-Weg Funktion ein Polynom dritten Grades wäre, wäre der Graph der Zeit-Geschwindigkeitsfunktion eine Parabel mit Maximum genau in der Mitte zwischen Hamm und Bielefeld. Der Zug müsste also die erste Hälfte der Fahrt beschleunigen, um danach ununterbrochen zu bremsen. Das ist sehr unrealistisch.
- Schülern scheint ein trapezförmiger Graph realistischer. Sie vermuten, dass Züge gleichmäßig auf ihre Höchstgeschwindigkeit beschleunigen, dann lange mit konstanter Geschwindigkeit fahren, um kurz vor dem Ziel abzubremsen, wenn sie nicht durch Weichenstraßen oder Bahnhöfe zwischendurch „ausgebremst" werden.

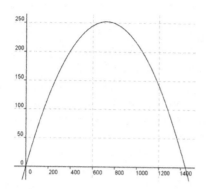

Abb. 2: Aus dem Polynommodell für die „Zeit→Weg"-Funktion ergibt sich ein Parabelmodell für die "Zeit→Geschwindigkeit"- Funktion (auf der Rechtsachse ist die Zeit in Sekunden abgetragen)

Kurzmeldung der DPA:
Die Polynome dritten Grades haben eine „Selbsthilfegruppe gegen Vergewaltigung und Missbrauch" gegründet.

Als Gründungszeitpunkt wird die Einführung der „Modellierungskompetenz" in zentralen Prüfungen vermutet.

3. Der Sprung in die Wirklichkeit

Eine Recherche nach der ICE-Strecke Hamm - Bielefeld fördert nach wenigen Klicks zutage, dass die erlaubte Höchstgeschwindigkeit dort 200 km/h beträgt - nicht 253 km/h.

Abb. 3: ICE-Forum

Lennart fuhr im Rahmen einer Facharbeit die Strecke Hamm Bielefeld mehrfach mit seinem GPS-Fahrrad-Tacho (Abb. 4) ab. Dabei wurde die Fahrspur als GPX-Datei („Track") Sekunde für Sekunde aufgezeichnet. Und wenn man diesen Track in Google-Earth (Abb. 7) anschaut, erkennt man, dass

- die Bahngleise alles andere als geradlinig verlaufen,
- sich ein ICE strikt an die Geschwindigkeitsbeschränkung von 200 km/h hält,
- auch der Bahnhof Gütersloh (Pfeil) mit „Tempo 200" durchfahren wird,

Abb. 4: GPS-Tacho

- der Zug auf den gemessenen 66,8 km mit 23 min 58 s Minuten planmäßig fuhr.

Abb. 6: Anzeigetafel im ICE 855

Abb. 5: für optimalen Empfang klemmt man den
GPS-Empfänger im ICE an den Gummifalz zwi-
schen zwei Wagen, da die Fensterscheiben in
ICEs kaum Signale durchlassen

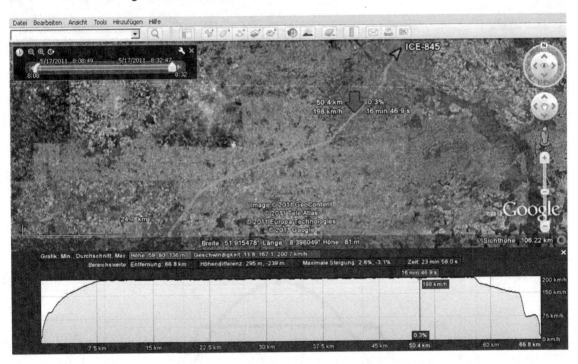

Abb. 7a: Track und Weg-Geschwindigkeit Grafik in Google-Earth. Man kann die Fahrt durch Klick auf
die Zeitleiste oben links animiert nachfahren. Durch Rechtsklick auf den Track wird das Weg-
Geschwindigkeitsdiagramm angezeigt. Der ICE 845 fuhr die Strecke zwischen 7,5 km und 58 km
konstant mit 200 km/h und nahm den Bahnhof Gütersloh mit 198 km/h.

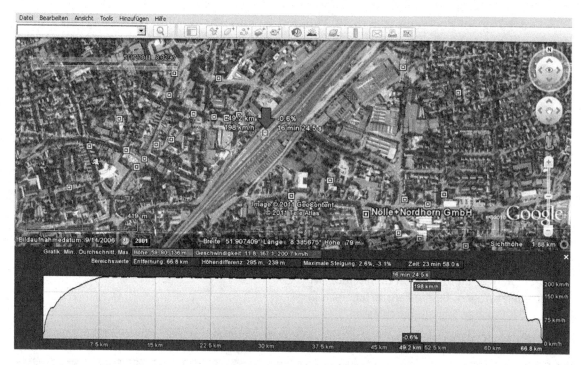

Abb. 7b: Details in Gütersloh

Um die tatsächlich gemessene „Zeit→Geschwindigkeit"-Funktion mit der „Geschwindig-
keitsparabel", die sich aus der Aufgabenstellung ergibt (Abb. 2), vergleichen zu können,
importiert man die gpx-Daten in eine Tabellenkalkulation und zeichnet ein Punktdiagramm
(Abb. 8).

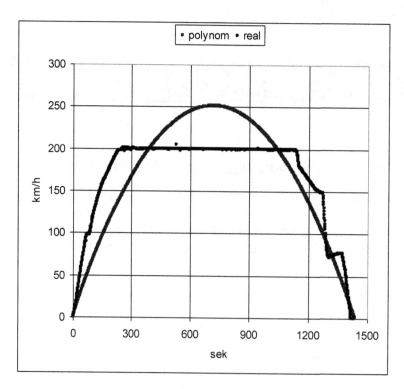

Abb. 8a: Gemessene „Zeit→Geschwindigkeit"-Funktion im Vergleich zum Parabelmodell

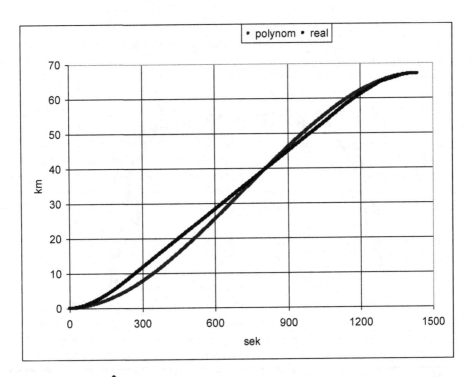

Abb. 8b: Gemessene „Zeit→Weg"-Funktion im Vergleich zum Polynom-Modell

Wie man sieht,

- wird der gemessene „Zeit→Weg"-Graph wegen seines im Mittelteil linearen Ver-
  laufs nur schlecht durch ein Polynom vom Grad 3 beschrieben. Der
  „Zeit→Geschwindigkeit"-Graph hat eher Trapez- als Parabelform.

- erreicht der ICE seine konstante Höchstgeschwindigkeit nach weniger als 5 Minuten
  und ist damit auch nach 10 Minuten deutlich langsamer als die im Polynom-Modell
  berechneten 245 km/h.

Abb. 9 zeigt, dass dies prinzipiell auch für andere ICE-Fahrten gilt, wobei die anderen vier
ICEs aus der Stichprobe nicht ganz so pünktlich waren. Bei dem ICE, bei dem die gemessenen Geschwindigkeiten stark streuen und die Aufzeichnung zwischenzeitlich abreißt, war
der Empfänger an der die GPS-Signale absorbierenden Scheibe angebracht - und nicht an
dem Gummifalz zwischen den Wagen.

Außerdem erkennt man bei einem ICE Bremsvorgänge auf freier Strecke. Dieser ICE war
deutlich verspätet und die vor ihm liegenden Streckenabschnitte waren noch nicht freige-
geben.

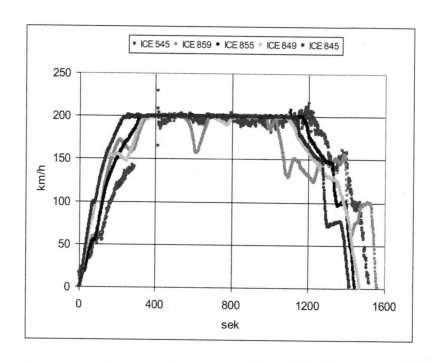

ICE	Fahrzeit		Weg	mittl. Geschw.	auf 100km/h in	a: mittl. Beschl.	von 60km/h auf Stand in	b: mittlere Bremsbeschl.
	sek	min	km	km/h	sek	m/s²	sek	m/s²
545	1521	25.4	67.0	159	172	0.16	31	0.54
859	1563	26.1	66.9	154	123	0.23	21	0.79
855	1446	24.1	66.9	167	129	0.22	33	0.51
849	1472	24.5	66.9	164	92	0.30	47	0.35
845	1418	23.6	66.9	170	89	0.31	32	0.52

Abb. 9: Fünf Fahrten mit „technischen Daten"

Zwischen Hamm und Bielefeld verkehrt der ICE-2.

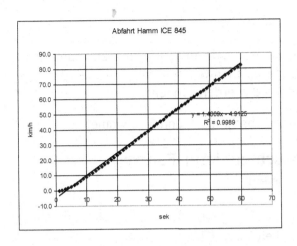

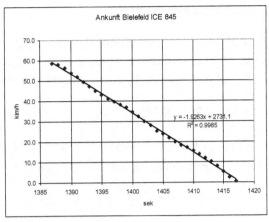

a) ICE-2 845 Abfahrt Hamm

Die Beschleunigung beträgt a=0,41 m/s²

b) ICE-2 845 Ankunft Bielefeld

Die Bremsverzögerung beträgt b=-0,53 m/s²

Zwischen Köln und Frankfurt verkehrt

der ICE-3.

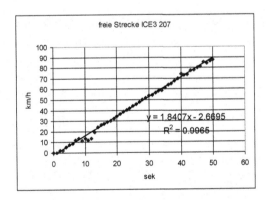

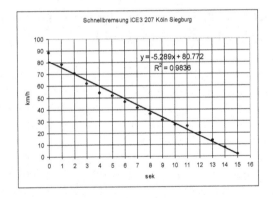

c) ICE-3 Start freie Strecke

Die Beschleunigung beträgt a=0,51 m/s²

d) ICE-3 Schnellbremsung

Die Bremsverzögerung beträgt b=- 1,47 m/s²

Abb. 10: Geschwindigkeitsänderungen beim Beschleunigen und beim Bremsen

Die Graphiken zeigen, dass sich die Geschwindigkeiten von Zügen beim Anfahren und Bremsen linear ändern. Die Beschleunigungen sind über gewisse Zeitspannen hinweg konstant. Das Trapezmodell beschreibt damit die „Zeit→Geschwindigkeit"-Graphen sehr viel besser als das Parabelmodell.

Soviel zur Trainingsaufgabe.

Das Aufstellen von Modellen ist nicht Selbstzweck. Man kann mit Hilfe solcher Modelle interessante Fragen beantworten, z. B. die Frage, in welchen Grenzen mögliche Verspätungen (z. B. auf der Strecke Hamm - Bielefeld) „aufgeholt" werden können.

Der Beantwortung dieser Frage sind die folgenden Abschnitte 4 und 5 gewidmet.

4. Das „Trapez"-Modell konstant beschleunigter Fahrten

Im „Trapez"-Modell machen wir folgende Annahmen:

- Der Zug hat nach dem Start während des Zeitintervalls Δ_1 eine konstante Beschleunigung a, bis er seine Höchstgeschwindigkeit V erreicht.

- Vor dem Anhalten bremst der Zug mit der konstanten Bremsverzögerung $b = k \cdot a$ mit $k \geq 1$. Dabei ist k der Faktor, um den die Bremsverzögerung b größer ist als die Startbeschleunigung a. Wenn die Beschleunigungszeit Δ_1 beträgt, ist die Bremszeit $\Delta_3 = \Delta_1 / k$. In den Abbildungen 10 und 11 trägt b ein negatives Vorzeichen.

- Dazwischen (Zeitspanne Δ_2) fährt der Zug mit der konstanten Höchstgeschwindigkeit V.

Das Geschwindigkeitsdiagramm hat dann die Form des Trapezes, wobei der Flächeninhalt dem zurückgelegten Weg entspricht, denn es gilt $S = \int_0^T v(t) \cdot dt$. Die Flächen der Teildreiecke lassen sich als Beschleunigungs- und Bremsweg deuten.

Der Einfachheit halber gehen wir im Folgenden davon aus, dass doppelt so stark gebremst wie beschleunigt wird ($k = 2$).

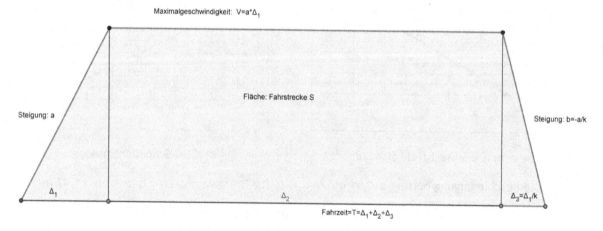

Abb. 11: Zeit-Geschwindigkeitsdiagramm nach dem Modell einer konstant beschleunigten/gebremsten Bewegung

5. Modellrechnung - funktionale Abhängigkeiten

In diesem Modell soll nun untersucht werden,

a) wie stark der ICE zwischen Hamm und Bielefeld beschleunigen müsste, um fahrplanmäßig zu sein, und

b) in welchem Umfang Verspätungen bei „rasanter" Fahrweise realistischerweise aufgeholt werden können.

Dazu berechnet man die Fahrzeit T in Abhängigkeit von Startbeschleunigung a, Bremsverzögerung $b = k \cdot a$ und Höchstgeschwindigkeit V wie folgt:

Aus dem ersten Teildreieck von Abb. 11 bekommt man wegen $\Delta_1 \cdot a = V$ die Beschleuni-

gungszeit $\Delta_1 = \dfrac{V}{a}$ und die Bremszeit $\Delta_3 = \dfrac{\Delta_1}{k} = \dfrac{V}{a \cdot k}$.

Durch Flächenberechnung ergibt sich für den Beschleunigungsweg

$s_1 = \dfrac{1}{2} a \cdot \Delta_1{}^2 = \dfrac{1}{2} \cdot a \cdot \dfrac{V^2}{a^2} = \dfrac{V^2}{2 \cdot a}$ und für den Bremsweg $s_3 = \dfrac{s_1}{k} = \dfrac{V^2}{2 \cdot k \cdot a}$.

Die verbleibende Zeit Δ_2 (nach der Beschleunigung und vor dem Bremsen), welche der Zug
mit Höchstgeschwindigkeit V fährt, ergibt sich zu

$$\Delta_2 = \frac{S - s_1 - s_2}{V} = \frac{S - \dfrac{V^2}{2 \cdot a} \cdot \left(1 + \dfrac{1}{k}\right)}{V} = \frac{S}{V} - \frac{V}{2 \cdot a} \cdot \left(1 + \frac{1}{k}\right).$$

Für die gesamte Fahrzeit T erhält man

$$T = \Delta_1 + \Delta_2 + \Delta_3 = \frac{V}{a} + \frac{S}{V} - \frac{V}{2 \cdot a} \cdot \left(1 + \frac{1}{k}\right) + \frac{V}{k \cdot a} = \frac{S}{V} + \frac{V}{2 \cdot a} \cdot \left(1 + \frac{1}{k}\right).$$

Die Fahrzeiten, die sich zwischen Hamm und Bielefeld für S=67 km und V=200 km/h hieraus
für verschiedenen Startbeschleunigungen a und $k = 2$ ergeben, entnimmt man Abbildung
12.

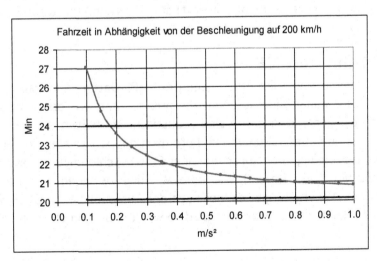

Abb. 12: Modellrechnung: Fahrzeit in Abhängigkeit von der konstanten Startbeschleunigung a
(die Bremsverzögerung b ist doppelt so groß wie die Startbeschleunigung). Bei fliegendem Start mit
200 km/h in Hamm ergäben sich gut 20 Minuten Fahrzeit (untere Asymptote).

Um fahrplanmäßig zu sein, müsste der ICE in Hamm also mit ca. 0,18 m/s² konstant auf 200 km/h beschleunigen, um dann vor Bielefeld mit 0,36 m/s² abzubremsen. Würde er konstant mit 0,3 m/s² beschleunigen und konstant mit 0,6 m/s² bremsen (was für die Fahrgäste eines ICE durchaus schon grenzwertig wäre), ließen sich gerade einmal 1,5 Minuten Fahrzeit „herausholen".

Diese Modellrechnung ist aber nicht sehr realistisch, da die Beschleunigungen bei höheren Geschwindigkeiten deutlich unter den Anfahrtsbeschleunigungen zurückbleiben, wie man in Abbildung 9 erkennt - und auch vom Autofahren in höheren Gängen weiß.

6. Resümee

Die Einführung zentraler Prüfungen hat neben guten auch Schattenseiten. In diesem Artikel wurde gezeigt, dass es einfach sein kann, den allgegenwärtigen eingekleideten Aufgaben, in denen es um das „Modellieren" geht, den Hauch des „Lächerlichen" zu nehmen. Dazu genügt häufig schon ein Aufgabenteil, in dem Stärken und Schwächen des zu betrachtenden Modells mit dem gesunden Menschenverstand diskutiert werden.

> 1. Die Bearbeitung zusammenhangloser Testaufgaben, von denen jede in durchschnittlich fünf Minuten zu bewältigen ist, ist kein Abbild einer soliden mathematischen Tätigkeit. Die zur Auswertung benutzten Kompetenzmodelle sind inhaltsleer und behindern die Entwicklung des Unterrichts entlang schlüssiger Curricula. Tests gut bearbeiten zu können ist eine Sache, ein Fach zu verstehen und fachliches Wissen in sinnvollen Zusammenhängen, mit denen man sich vertraut gemacht hat, anzuwenden eine andere. Für andere Fächer, insbesondere Sprache, gilt sinngemäß das Gleiche.

Erich Ch. Wittmann: Qualitätsabsenkung durch Qualitätssicherung (GDM Mitteilungen Jan. 2011; S. 11)

Mathematiklehrer sind nämlich in der glücklichen Lage, dass sie (im Gegensatz zu ihren Kollegen aus der Physik) meist keine Modelle an der Realität verifizieren müssen, es reicht, Ergebnisse verschiedener Modelle miteinander und mit der Realität zu vergleichen.

Und wenn ein GPS-Handy als phantastisches „Alltags-Messgerät" für Bewegungsvorgänge z. B. im Bereich der Analysis (aber nicht nur dort) seine Wirkung entfalten kann, ist man der Aufmerksamkeit seiner Schüler sicher. Versprochen!

Anhang 1: S-Bahn statt ICE

Als Anregung für eigene Modellierungsaufgaben mit GPS-Daten kann folgende Aufgabe aus dem Kontext „lineare Funktionen" dienen, die aus der Zeit vor den zentralen Prüfungen stammt [6]. Die dort genannten Daten sind realistisch, sie halten einer Überprüfung sehr gut Stand, denn S-Bahnen beschleunigen und bremsen doppelt so stark wie ICEs. (Die in der Aufgabe genannten Steigungen entsprechen einer Startbeschleunigung von 1m/s² und einer Bremsverzögerung von b=1,11m/s².) Wie eine Messung zwischen Köln-Industriepark und Köln-Ehrenfeld (Abb. 13) ergab, gibt es hier nach der Ausrollphase im Gegenwind noch eine Vorbremsphase, in der leicht angebremst wird, bevor die S-Bahn auf den Stillstand heruntergebremst wird.

2 Triebwagenzüge von U-Bahnen und S-Bahnen fahren besonders wirtschaftlich, wenn sie in einer Anfahrphase konstant beschleunigt werden, dann ausrollen und schließlich abgebremst werden. In diesem Fall kann die Geschwindigkeit v in Abhängigkeit von der Zeit t durch eine stückweise lineare Funktion beschrieben werden mit z. B.

$$v(t) = \begin{cases} 3{,}6\,t & \text{für } 0 \leq t < 20 \quad \text{(Anfahrphase)} \\ -0{,}2\,(t-20) + 72 & \text{für } 20 \leq t < 30 \quad \text{(Ausrollphase)} \\ -4\,(t-30) + 70 & \text{für } 30 \leq t \quad \text{(Bremsphase)} \end{cases} \quad \text{mit t in Sekunden und v in } \tfrac{km}{h}.$$

a) Zeichnen Sie den Graphen der Funktion $t \mapsto v(t)$. Lesen Sie ab, nach wie viel Sekunden der Zug wieder hält. Berechnen Sie den genauen Wert dieser Nullstelle.

b) Aufgrund einer Verspätung beschleunigt der Triebwagenführer 24,5 s lang und bremst dann sofort ab. Zeichnen Sie den Graphen der zugehörigen Zeit-Geschwindigkeits-Funktion. Lesen Sie ab, wie viel Sekunden der Zeitgewinn etwa beträgt. Versuchen Sie den zugehörigen Energiemehraufwand abzuschätzen.

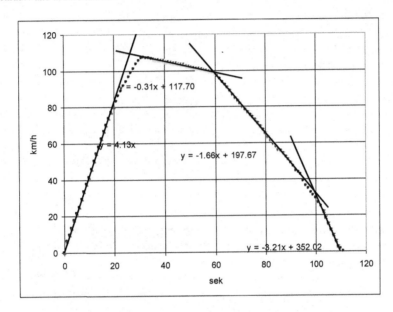

Abb. 13: Zeit-Geschwindigkeitsdiagramm einer S-Bahnfahrt zwischen Köln-Industriepark und Köln-Lövenich. Die Startbeschleunigung ist 1,15 m/s², gebremst wird mit 0,09 m/s² (Ausrollen), 0,46 m/s² (Vorbremsung) und 0,89 m/s² (Schlussbremsung).

Anhang 2: Tipps zum Umgang mit Google-Earth

Viele GPS-Empfänger (auch Smartphones mit einer entsprechenden App) speichern Tracks (Fahrspuren) im Sekundenabstand als gpx-Dateien ab, die man über ein USB-Kabel oder eine Bluetooth-Verbindung auf den Computer übertragen kann. Wenn man das Programm Google-Earth (Version 5.2 oder höher)

```
(www.earth.google.de/download-earth.html)
```

installiert hat, kann man diese gpx-Dateien mit „Datei / Öffnen" laden (Abb. 14). Um auch gpx-Dateien zu sehen, muss man beim Öffnen „alle Dateien" wählen (Abb. 15).

Abb. 14

Abb. 15

Wenn man dann die gewünschte gpx-Datei (etwa strassenbahn.gpx) anklickt, öffnet Google-Earth das Fenster aus Abb. 16.

Mit OK wird der gpx-Track in einen kml-Track umgewandelt und man erhält eine Google-Earth-Landkarte mit der Fahrspur, die man nach Klick auf den Schieberegler oben links auch animiert nachfahren kann - wie in einem Film.

Abb. 16

Abb. 17: Kartendarstellung

Wenn man mit der rechten Maustaste auf die Fahrspur klickt, wird auch ein Weg-Geschwindigkeitsdiagramm angezeigt wie in Abbildung 18 unten. Zusätzlich zur Landkartenansicht kann man sich die Staßenbahnfahrt, insbesondere einzelne Haltestellen, dann auch in Google-Streetview ansehen (Abb. 18).

Abb. 18: Haltestelle Mohnweg in Google-Earth

Wie man aus den gpx-Tracks Zeit-Weg und Zeit-Geschwindigkeits-Diagramme erhält, wird in der Datei gps-info.pdf unter www.riemer-koeln.de erläutert. Dort liest man auch nach, wie man gpx-Dateien in Excel verarbeiten kann.

Literatur

[1] Strick, Heinz-Klaus (2011). Finale. Westermann Verlag Braunschweig; S. 64, 65
[2] Lambacher-Schweizer Einführungsphase (NRW) Klett 734401
    auf www.klett.de den Online-Link 734401-2441 eingeben
[3] Lambacher-Schweizer Qualifikationsphase
    auf www.klett.de den Online-Link 735301-3881 eingeben
    Hier findet man ein umfangreiches Stationenlernen zum Thema GPS, in dem alle Bereiche der Schulmathematik angesprochen werden.
[4] Riemer, Wolfgang (2009). Dem Navi auf der Spur: MNU 62/8; S. 468-477.
[5] Riemer, Wolfgang (Juni 2010). Bewegungen mit GPS untersuchen, Grundvorstellungen der Analysis „erfahren": mathematik lehren 160 S. 54-58.
[6] Lambacher Schweizer 11 (2004). Ernst Klett Verlag GmbH, Stuttgart; S. 67, 98.
[7] www.riemer-koeln.de: Hier findet man u. a. die Tracks und Excel-Dateien zu den hier untersuchten Bahnfahrten - und auch Tipps und technische Hilfen zum Umgang mit GPS.
[8] Haubrock, Daniel (2000). GPS in der Analytischen Geometrie. In ISTRON 6. Hildesheim: Franzbecker. (Prinzipielle Funktionsweise globaler Ortung)

Anschrift des Autors:

Dr. Wolfgang Riemer, August-Bebel-Str. 80, 50259 Pulheim

E-Mail: w.riemer@arcor.de

Die computergestützte Leitidee Daten und Zufall

Markus VOGEL, Heidelberg; Andreas EICHLER, Freiburg

Abstract: Ein moderner Stochastikunterricht kann auf den Einsatz des Computers nicht verzichten. Das Kernanliegen der Stochastik - als Überbegriff von Daten- und Wahrscheinlichkeitsanalyse - ist es, die Variabilität von bereits gegebenen oder künftig zu erwartenden Daten in den Griff zu bekommen. Die stets damit verbundenen Modellierungsaktivitäten lassen sich sehr gut mit dem Computer unterstützen, sowohl in mathematisch-inhaltlicher als auch in mathematisch-didaktischer Hinsicht. In diesem Beitrag werden wesentliche didaktische Fragen der Modellierung von Daten und Wahrscheinlichkeiten besprochen, exemplarisch unterrichtspraktische Konkretisierungen vorgestellt, modellierungsbezogen reflektiert und die Bedeutung der Computerunterstützung dabei aufgezeigt.

1. Einleitung

Bereits Anfang der 80er Jahre des vergangenen Jahrhunderts stellte Hans Schupp fest: „[...] daß in den meisten [...] Mathematikwerke[n] statistische und wahrscheinlichkeitstheoretische Passagen nahezu beziehungslos (und zuweilen mit falschem Bezug) hintereinandergesetzt sind." (Schupp, 1982, S. 214 unter Verweis auf Steinbring, H. & Strässer, R. (Hrsg.), 1981) Diese Feststellung wurde getroffen zu einer Zeit, als der (flächendeckende) Computereinsatz in der Schule noch in weiter Ferne lag. Wenn nun mit den vorliegenden KMK-Bildungsstandards für den mittleren Schulabschluss aus dem Jahr 2003 (Auszug in Tab. 1) und den KMK-Bildungsstandards für die Sekundarstufe II (KMK, 2012) wieder eine vermeintliche Abfolge im Sinne von „erst die Daten, dann der Zufall" impliziert ist, dann stellt sich zum einen die Frage, wie dieses Mal Daten und Zufall zu einer Leitidee verknüpft werden können, so dass die von Schupp (1982) zurecht kritisierte beziehungslose Aneinanderreihung vermieden wird. Zum anderen sollte gefragt werden, ob und wie der zielgerichtete Einsatz des Computers helfen kann, die Analyse von Daten und Wahrscheinlichkeiten je für sich zu unterstützen und darüber hinaus beziehungsreich zu vernetzen.

„Die Schülerinnen und Schüler
— werten graphische Darstellungen und Tabellen von statistischen Erhebungen aus,
— planen statistische Erhebungen,
— sammeln systematisch Daten, erfassen sie in Tabellen und stellen sie graphisch dar, auch unter Verwendung geeigneter Hilfsmittel (wie Software),
— interpretieren Daten unter Verwendung von Kenngrößen,
— reflektieren und bewerten Argumente, die auf einer Datenanalyse basieren,
— beschreiben Zufallserscheinungen in alltäglichen Situationen,
— bestimmen Wahrscheinlichkeiten bei Zufallsexperimenten." (KMK, 2003, S. 12)

Tab. 1: Auszug aus den KMK-Bildungsstandards 2003

Wenn dies gelingt, so sollte die grundsätzliche Zielsetzung eines gehaltvollen Stochastikunterrichts sein, dass Schülerinnen und Schüler lernen, Fragen an empirische (zufällige bzw. als vom Zufall verursachte erklärte) Phänomene ihrer erlebten Umwelt zu stellen und mit den ihnen zur Verfügung stehenden elementaren mathematischen Mitteln zu beantworten.

2. Daten- und Wahrscheinlichkeitsanalyse als Modellierungsprozess

Obwohl datenbasierte Aussagen und die stets mit Wahrscheinlichkeiten verbundenen prognostischen Aussagen auf den ersten Blick als zwei getrennte Dinge erscheinen, geben sie sich doch bei einer modellierungstechnischen Betrachtung (vgl. Eichler & Vogel, in press) hinsichtlich ihrer zeitlichen Ausrichtung als zwei Seiten derselben Medaille zu erkennen.

Rückblick und Bestandsaufnahme: Die Datenanalyse umfasst die Beschreibung eines Ist-Zustands der Realität, der sich in den Daten widerspiegelt. Mit dem Blick auf einen Ist-Zustand (und dem damit verbundenen Blick in die Vergangenheit, aus der dieser Ist-Zustand hervorgeht) ist sie in der Gegenwart verankert. Die Daten bilden nie die Realität in ihrer Komplexität ab, sondern sind nur ein vereinfacht abbildendes Modell der Realität (z. B. Daten einer Wahlumfrage). Die inhaltliche Perspektive dieses Modells ergibt sich aus der vorgeordneten erkenntnisleitenden Fragestellung, die zur Datenerhebung geführt hat.

Ausblick und Verallgemeinerung: Bei vielen statistischen Fragestellungen reicht es aber nicht, den durch Daten repräsentierten Ist-Zustand zu beschreiben. Es wird nach Verallgemeinerungen gefragt, die über den Informationsgehalt der Daten aus der Stichprobe hinausreichen (z. B. Schluss von der Stichprobe einer Wahlumfrage auf das zu erwartende Wahlergebnis). Außerdem sind häufig die Entscheidungen in die Zukunft gerichtet, umfassen also auf konkreten Daten beruhende Prognosen zukünftiger Daten. Sowohl für die Verallgemeinerung wie auch die Prognose benötigt man die Wahrscheinlichkeitsanalyse, um auf der Basis vorhandener Daten (noch) nicht bekannte Daten in ihrer Größe abschätzbar zu machen.

Wie der Realitätsbeschreibung durch Daten liegen auch der Verallgemeinerung und Prognose Modelle der Realität zu Grunde. Akzeptiert man den Gedanken, dass sich ein wesentlicher Teil der Stochastik auf die Beschreibung aktueller und zukünftiger Daten mit einem realen Kontext richtet (Wild & Pfannkuch, 1999), so besteht dieser Teil der Stochastik, repräsentiert durch Daten- und Wahrscheinlichkeitsanalyse, aus dem Aufstellen, Bearbeiten und Bewerten von Modellen der Realität.

Statistische Daten – bereits erhobene wie prognostizierte – hängen in ihrem Entstehungsprozess stets vom Zufall (genauer gesagt: erklärtermaßen als vom Zufall verursacht) ab[1]. Daraus ergibt sich die Variabilität der Daten, die den Kern stochastischen Denkens darstellt. In der Einsicht, dass die Welt nicht streng deterministisch ist, sondern aus einem Mix an Variation und Struktur besteht, gleicht die Datenanalyse einer Suche nach dem Muster in der Variation. Den Zusammenhang zwischen Daten und dem ihnen innewohnenden Paar aus Variabilität und Muster kann man durch die Grundgleichung der Datenmodellierung (vgl. z. B. Eichler & Vogel, 2009) ausdrücken, die sich in verschiedener Weise darstellen lässt:

$$\text{Daten} = \text{Muster} + \text{Variabilität} = \text{Trend} + \text{Zufall} = \text{Funktion} + \text{Residuen}$$

Die Grundgleichung der Datenmodellierung ist ein pragmatisches Konstrukt, um mit der omnipräsenten Variabilität von Daten fertig zu werden: Der Teil der Datenvariabilität, der erklärt werden kann, wird mit einer deterministischen Komponente zum Ausdruck gebracht. Das, was übrig bleibt, der unerklärte Anteil an Variabilität

---

[1] Im prognostischen Falle wird dies durch die Verwendung von Wahrscheinlichkeitsaussagen zum Ausdruck gebracht.

wird als nicht deterministisch erklärbar betrachtet und als zufallsbedingt modelliert. Damit kommt eine stochastische Komponente in die Modellierung der Daten.

3. Beispiele für computergestützte Modellierungen

Die Möglichkeiten des sinnvollen Computereinsatzes im Stochastikunterricht reichen so weit, dass es nicht möglich ist, alle denkbaren Szenarien im hier gebotenen
Rahmen zu skizzieren. Daher konzentrieren wir uns im Folgenden auf zentrale Kompetenzen eines Stochastikunterrichts, der die Modellierung von Daten und Wahrscheinlichkeiten ernst nimmt und über die bloße grafische Veranschaulichung von
Daten und das Identifizieren bzw. Abarbeiten von standardisierten Rechenaufgaben
der Wahrscheinlichkeitsrechnung hinausgeht.

3.1. Merkmalszusammenhänge mit Funktionen beschreiben

Im Schulunterricht begegnen den Schülerinnen und Schülern Fragen nach dem funktionalen Zusammenhang zweier Merkmale bereits im naturwissenschaftlichen Unterricht: Naturwissenschaftliche Phänomene, wie z.B. Gesetzmäßigkeiten beim radioaktiven Zerfall oder beim freien Fall lassen sich über Daten repräsentieren. Kern
der Datenanalyse ist, im Rauschen der Daten Gesetzmäßigkeiten aufzufinden. Solche Gesetzmäßigkeiten lassen sich oftmals durch elementare Funktionen modellieren, wie das Beispiel zum radioaktiven Zerfall des metastabilen Bariums 137m in
Abbildung 1 links zeigt:

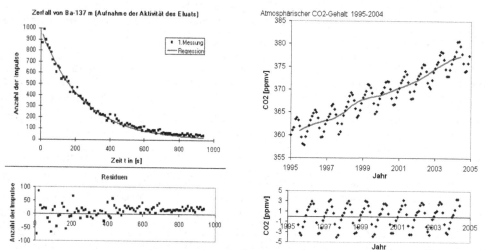

Abb. 1: Exponentiell abnehmend beschriebener Datenverlauf (links, radioaktiver Zerfall von Ba-
137m) und gleitende Mittelwertkurve (rechts, atmosphärischer CO_2-Gehalt)

Die Auswahl einer Exponentialfunktion lässt sich noch durch theoretische Überlegungen begründen: Für die momentane zeitliche Änderung der radioaktiven Kerne
gilt (N(t) ist die Anzahl der nach Ablauf der Zeit t noch nicht zerfallenen Kerne, λ
ist die sog. Zerfallskonstante): $\frac{dN(t)}{dt} = -\lambda \cdot N(t)$. Aus der Lösung dieser Differenzial-
gleichung ergibt sich nach einigen Schritten das Zerfallsgesetz $N(t) = N_0 \cdot e^{-\lambda \cdot t}$ (mit
N_0 als Anzahl der anfangs vorhandenen Kerne), welches den zeitlichen Zusammen-
hang zwischen der Zeit t und der zu diesem Zeitpunkt vorhandenen radioaktiven
Kerne beschreibt. Die Spezifizierung des Funktionsparameters λ kann durch die
Verknüpfung von Streudiagramm, Funktionsgraph und Residuenplot computerunter-
stützt erfolgen.

Statt einer elementaren Funktion kann das Muster aber auch, wenn wie im Beispiel einer Zeitreihe zum atmosphärischen CO_2-Gehalt ein parametrisches Funktionenstandardmodell fraglich erscheint, beispielsweise eine gleitende Mittelwertkurve sein – eine Kurve, die sich aus der Abfolge von monatsweise errechneten Jahresmittelwerten ergibt (vgl. Abb. 1, rechts). Die Berechnung solcher gleitender Mittelwerte ist nur mit Computerunterstützung praktikabel. Auch andere Modellierungstechniken sind denkbar, der mathematisch-technischen Raffinesse werden Grenzen nur durch die mathematischen Fähigkeiten der modellierenden Person gesetzt.

In allen Fällen gibt es Residuen r_i, das sind die Abweichungen $y_i - f(x_i)$ zwischen einem Datenpunkt $(x_i | y_i)$ und einem Punkt $(x_i | f(x_i))$ auf dem Graphen der modellierenden Funktion f, die in den beiden Residuendiagrammen dargestellt sind.[2] Im Residuendiagramm lässt sich spezifizieren, was eine „möglichst gute" Datenanpassung meinen kann: Nach der begründeten Entscheidung für ein Funktionenmodell soll dieses so angepasst werden, dass die Residuen möglichst klein sowie zufällig im Sinne von trendfrei sein sollten und dass sie sich insgesamt hinsichtlich ihrer Abweichungen nach oben und unten die Waage halten. Aus der kritischen Betrachtung der Residuen erhält man weitere Informationen zur Datenmodellierung. Im Beispiel des radioaktiven Zerfalls sind zwei Dinge zu erkennen: Die Abnahme der Streuung weist auf das natürliche Phänomen hin, dass bei einer funktionalen Anpassung mit kleineren Messwerten in der Regel durchschnittlich kleinere Residuen einhergehen. Die zunehmende Abweichung der Residuen nach oben resultiert daraus, dass das Funktionenmodell der exponentiellen Abnahme aufgrund der Nichtbeachtung der sogenannten radioaktiven Nullrate zunehmend weniger greift.

Rückblick/Bestandsaufnahme und Ausblick/Verallgemeinerung: Die Aspekte von Rückblick/Bestandsaufnahme sowie Ausblick/Verallgemeinerung zeigen sich bei der funktionalen Datenmodellierung darin, dass mit der Beschreibung einer funktionalen Abhängigkeit auf der Basis der gegebenen Daten ein Modell erstellt wird, das Vorhersagen und verallgemeinernde Aussagen zu vergleichbaren Phänomenen (im Fall des radioaktiven Zerfalls z.B. Bestimmung der Halbwertszeit) ermöglicht.

3.2. Zufällige Vorgänge mit Wahrscheinlichkeitsverteilungen modellieren

Am „Schokolinsen-Beispiel" lässt sich idealtypisch exemplifizieren (vgl. Vogel & Eichler, 2011), wie von der Datenanalyse einer Stichprobe aus Schlussfolgerungen auf die Grundgesamtheit gezogen werden können: 100 geöffnete Tüten ergeben, dass durchschnittlich 18 Schokolinsen in einer Tüte sind mit durchschnittlich rund drei Linsen pro Farbe (es gibt sechs verschiedene Farben). Von diesem datenanalytischen Befund aus lassen sich folgende Modellannahmen plausibel aufstellen: Jede Schokolinse hat mit der Wahrscheinlichkeit von 1/6 eine bestimmte Farbe, also ist die Wahrscheinlichkeit, z.B. eine gelbe Schokolinse aus einer Tüte zu ziehen, mit P(rot) = 1/6 (und P(nicht_rot) = 5/6) anzusetzen. Die Wahrscheinlichkeiten ändern sich beim Ziehen von Schokolinsen nicht (Annahme von stochastischer Unabhängigkeit).

Auf der Basis dieser Modellannahmen kommen für die mathematische Modellierung zwei Vorgehensweisen in Frage, eine theoretische und eine computergestützt empirische: Im ersten Fall kann auf das theoretische Modell der Binomialverteilung

---

[2] Ein perfekter Fit, der keine Residuen hinterlässt, wird bei realen Daten nicht zu erwarten sein. Für weitergehende Überlegungen hierzu sei z.B. auf Vogel (2008) oder Vogel & Eichler (2010) verwiesen.

zurückgegriffen werden (diese sei im Unterricht als bekannt vorausgesetzt), dann

lassen sich mit der Binomialverteilungsformel $\binom{18}{r} \cdot \left(\frac{1}{6}\right)^{r} \cdot \left(\frac{5}{6}\right)^{18-r}$ und $0 \leq r \leq 18$ (r

ganzzahlig) die Wahrscheinlichkeiten für die unterschiedlichen zu erwartenden An-zahlen roter Schokolinsen in einer Tüte berechnen. Anschließend erfolgt die Vali-dierung des theoretischen Modells anhand der Analyse von computererzeugten künstlichen Daten.

Im zweiten Fall einer computergestützt empirischen Zugangsweise – empirisch aus Sicht der Schülerinnen und Schüler, welche das hinter der Simulationsdatei stehen-de theoretische Modell der Binomialverteilung in der Regel nicht vor den ersten Simulationsergebnissen sehen – wird die Rechenleistung benutzt, um eine sehr gro-ße Anzahl (z. B. 10.000) „virtueller" Schokolinsen-Tüten auf der Basis der realen empirischen Befunde und der darauf begründeten Modellannahmen zu erzeugen. Statt der ursprünglich 100 realen Tüten werden nun diese 10.000 virtuellen Tüten auf die relativen Auftretenshäufigkeiten einer bestimmten Farbe hin untersucht. Das aus dieser Datenanalyse herausgearbeitete Muster kann in ein empirisch be-gründetes, dennoch aber theoretisches Modell einfließen. Innerhalb dieses Modells erfolgt die Wahrscheinlichkeitsanalyse, dessen Validierung wiederum im Sinne einer Datenanalyse erfolgt. Ein mögliches Ergebnis, das mit einem Tabellenkalkulations-programm erstellt wurde könnte wie in Abbildung 2 aussehen:

Häufigkeiten bei 10000 Tüten			Theorie Binomialverteilung		
Anzahl	abs.	rel.	Anzahl	abs.	Wahrsch.
0	358	0,0358	0	376	0,0376
1	1350	0,1350	1	1352	0,1352
2	2288	0,2288	2	2299	0,2299
3	2467	0,2467	3	2452	0,2452
4	1852	0,1852	4	1839	0,1839
5	1023	0,1023	5	1030	0,1030
6	465	0,0465	6	446	0,0446
7	145	0,0145	7	153	0,0153
8	42	0,0042	8	42	0,0042
> 8	10	0,0010	> 8	11	0,0011

Abb. 2: Empirische Häufigkeitsverteilung und theoretische Wahrscheinlichkeitsverteilung

Die abschließende Modellbewertung in der Realität erfolgt anhand von einer neuen realen Tüte, die geöffnet wird. Eine Entscheidungsgrenze mit Blick auf Abbildung 2 könnte sein (das Kriterium ist Aushandlungssache – eine wichtige Einsicht für die Schülerinnen und Schüler), dass das Modell verworfen wird, wenn in der neu geöff-neten Tüte 8 oder mehr rote Schokolinsen sind - man würde in weniger als einem Prozent einen Fehler begehen.

Rückblick/Bestandsaufnahme und Ausblick/Verallgemeinerung: Die Aspekte von Rückblick/Bestandsaufnahme sowie Ausblick/Verallgemeinerung sind hier in der Aufgabenstellung bereits mitgeliefert: Es geht je nach Vorgehensweise (s.o.) da-rum, anhand des Datenbestands einer (oder mehrerer) Simulationen (Bestandsauf-nahmen) die Legitimität des vorausgehenden Postulats einer theoretischen Wahr-scheinlichkeitsverteilung (hier die der Binomialverteilung – Verallgemeinerung) zu überprüfen, oder darum, aus der zuerst erfolgten simulierten empirischen Befundlage die Überlegungen für eine theoretische Wahrscheinlichkeitsverteilung abzuleiten. In diesem Prozess lassen sich auch die Fehler beschreiben, die begangen werden können: Die theoretisch postulierte Modellverteilung aufgrund eines empirischen Befunds zu verwerfen, obwohl diese tatsächlich gegeben ist (Fehler 1. Art) oder an dieser Modellverteilung festzuhalten, obwohl diese tatsächlich nicht gegeben ist (Fehler 2. Art).

3.3. Mit Simulationen Modellierungen testen

Mit Blick auf die Gegenüberstellung der simulierten empirischen Häufigkeitsverteilung und der theoretisch postulierten Binomialverteilung in Abbildung 2 taucht nach ein wenig Nachdenken auch bei den Schülerinnen und Schülern die Frage auf, wie „gut" eigentlich die simulierte empirische Verteilung und die Binomialverteilung zueinander passen. Diese Frage zielt auf einen Test, mit dem überprüft werden kann, wie gut die Passung zwischen theoretischer Erwartung und empirischem Ergebnis ist und wie sich das beurteilen lässt. Obwohl der Name „Chi-Quadrat-Anpassungstest" furchteinflößend im Mathematikunterricht wirken kann, lässt sich doch im Weiterspinnen des Gedankengangs im o.g. Schokolinsenbeispiel der Grundgedanke auch im gymnasialen Oberstufenunterricht vermitteln, ohne dass dazu der gesamte mathematische Hintergrund zur Chi-Quadratverteilung erarbeitet werden müsste. Mit dieser Form der Elementarisierung können aber im Sinne eines Spiralcurriculums mathematische Ideen vorbereitet werden, auf die später (das schließt die Hochschule mit ein) mit einem reichhaltigeren algebraisch-technischen Handwerkszeug zurückgegriffen werden kann (etwa wenn die Dichte der Chi-Quadrat-Testgröße Gegenstand der Überlegungen ist).

Ein in der gymnasialen Oberstufe gangbares Verfahren wäre, die Abstände zwischen der erwarteten theoretischen Wahrscheinlichkeitsverteilung und der empirischen Häufigkeitsverteilung als Differenzen zu erfassen, diese zu quadrieren, um gegenseitiges Aufheben von negativen und positiven Abweichungen zu vermeiden, und diese Quadrate nach ihrer Standardisierung durch den jeweiligen Erwartungswert aufzuaddieren. Die Notwendigkeit zur Standardisierung begründet darin, dass identische Abweichungen bei großen erwarteten Häufigkeiten weniger bedeutsam sind als bei kleinen erwarteten Häufigkeiten. Mittels der Division durch die entsprechenden Erwartungswerte werden die quadrierten Abweichungen entsprechend ihrer Bedeutsamkeit gewichtet, so dass sie in die Aufsummierung zur χ^2–Testgröße vergleichbar eingehen. Es wäre freilich didaktisch wenig befriedigend, wenn dieses Verfahren durch die Lehrkraft ohne weitere Erklärung vorgegeben und von den Schülerinnen und Schülern ohne inhaltliches Verständnis rezepthaft nachvollzogen würde. Wurde das Verständnis jedoch aufgebaut, werden die Schülerinnen und Schüler in der Lage sein, im o.g. Schokolinsenbeispiel die χ^2–Formel

$$\chi^2 = \frac{(n_0 - e_0)^2}{e_0} + \frac{(n_1 - e_1)^2}{e_1} + \ldots + \frac{(n_{18} - e_{18})^2}{e_{18}}$$ (mit n_i als Anzahlmöglichkeiten von

roten Schokolinsen und e_i als jeweilige Erwartungswerte) selbst aufzustellen oder zumindest nachzuvollziehen.

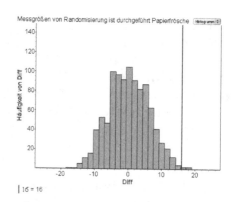

Abb. 3: Verteilung der χ^2-Werte (links),
Verteilung von Mittelwertunterschieden beim Papierfroschspringen (rechts)

Mit einer computergestützten Simulation lassen sich rasch sehr viele solcher χ^2-Werte ermitteln. Ihre Häufigkeitsverteilung (Abb. 3 links zeigt das Ergebnis von 1000 simulierten χ^2-Werten bei je 1000 simulierten Schokolinsentüten) kommt einer empirischen Annäherung an die theoretische χ^2-Verteilung mit 18 Freiheitsgraden gleich. Die Simulationsdatei ergibt, dass der χ^2-Wert in ca. 95% der Fälle, was sich als 95%-ige Sicherheit bzw. 5%-ige Irrtumswahrscheinlichkeit interpretieren lässt, in guter Näherung unter einem Wert von 29 liegt. Der Blick in eine χ^2-Verteilungstabelle zeigt, dass dieser computergestützte Simulationszugang der Theorie durchaus genügen kann.[3]

Während diese Überlegungen den Oberstufenstoff abschließen (oder bereits überschreiten), lässt sich die für die Stochastik zentrale Frage des Testens mit Computerunterstützung auch bereits in der Mittelstufe vorbereiten. Im Beispiel des Vergleichs von baugleichen Papierfröschen unterschiedlichen Papiergewichts (vgl. Vogel, 2009; Eichler & Vogel, 2009) lernen die Schülerinnen und Schüler die Grundidee eines Permutationstests kennen, der auch in fortgeschrittenen Problemstellungen (z.B. Eichler & Vogel, 2011) angewendet werden kann: Bei dem originalen Datensatz mit je 30 Sprungweiten von leichten und schweren Papierfröschen wurde ein Mittelwertunterschied von 16 cm festgestellt. Die Schülerfrage „ist das immer so?" fragt nach der Verallgemeinerbarkeit dieses singulären Ergebnisses. Die Idee des Permutationstests besteht darin, auf dem realen Ergebnis simulierte, ausschließlich vom Zufall abhängige Datensätze aufzubauen, in dem die „realen Zuordnungen" der Merkmale Papiergewicht und erzielte Sprungweite der insgesamt 60 Papierfrösche aufgelöst und zufällig einander wieder zugeordnet werden. Eine solche Simulation entspricht einem künstlichen Wettstreit zweier hinsichtlich des Gewichts zufällig zusammengewürfelter Papierfroschmannschaften bei vorgegebenen (nämlich den realen) Sprungweiten. Von diesen Mannschaften wird der Mittelwertunterschied als Ergebnis des Sprungwettkampfs errechnet. Um etwas über die Zufälligkeit des festgestellten Mittelwertunterschieds von 16 cm bei den Ausgangsdaten zu erfahren, wird die Simulationsprozedur mit Computerunterstützung sehr häufig wiederholt und danach geschaut, wie oft bei den Simulationen ein solcher Mittelwertunterschied dieser Größenordnung wieder auftaucht. In Abbildung 3 rechts ist eine solche Verteilung von Mittelwertunterschieden dargestellt: Es wird deutlich, dass ein verschwindend geringer Teil (angezeigt durch den Zipfel des

---

[3] Im Zusammenhang mit simulationsbasierten Zugängen zum t-Test und zu nicht-parametrischen Testverfahren sei auf die Beiträge von Meyer (2006a) und Meyer (2006b) in der Istron-Reihe hingewiesen.

rechten Ausläufers der Verteilung) über der Grenze von 16 cm Mittelwertunterschied liegt. Der Blick auf eine entsprechende Zählbedingung gibt den Wert 3 aus, d.h. nur in 3 Fällen von insgesamt 1000 Fällen war der Mittelwertunterschied größer oder gleich 16 cm. Dies lässt sich so interpretieren, dass der festgestellte Mittelwertunterschied zwischen schweren und leichten Fröschen in der realen Messung tatsächlich etwas mit dem Gewicht zu tun hat und nicht nur zufällig zustande gekommen ist – ein Gedanke, der unserer Erfahrung nach auch in der Reichweite von Schülerinnen und Schülern der Sekundarstufe I liegt.

Rückblick/Bestandsaufnahme und Ausblick/Verallgemeinerung: Die Aspekte von Rückblick/Bestandsaufnahme sowie Ausblick/Verallgemeinerung sind beim Testen durch Simulationen bereits genuin im Testgedanken gegeben: Tests werden durchgeführt, um herauszufinden, ob ein empirisch erhaltenes Ergebnis zufällig (bzw. durch den Zufall erklärt) zustande gekommen ist, oder ein nicht zufälliger Trend angenommen werden kann. Die übliche Signifikanzgrenze von a = 0,05 für das Akzeptieren einer Irrtumswahrscheinlichkeit folgt einer Konvention, die als solche auch im Unterricht kenntlich gemacht werden sollte, um den im Zusammenhang mit dem Signifikanzbegriff häufig zu beobachtenden Ritualisierungen (verbunden mit Fehlvorstellungen, vgl. Gigerenzer & Krauss 2001) vorbeugen helfen zu können.

3.4. Mit Simulationen die Modellierung zufälliger Prozesse visualisieren

Mehrstufige Zufallsexperimente und die damit im Zusammenhang stehenden bedingten Wahrscheinlichkeiten gelten im Mathematikunterricht (und nicht nur da) erfahrungsgemäß als schwierig. Das bloße Abarbeiten und Rechnen mit der Formel von Bayes, die in diesem Zusammenhang mit dem Lernen aus Erfahrung bedeutsam wird, kann den Einblick in die Struktur der Formel nicht vermitteln. So bleibt es aber eher der mathematischen Intuition bzw. Phantasie der Schülerinnen und Schülern überlassen, sich eine tragfähige Vorstellung von der Struktur der Formel von Bayes und ihrer Wirkungsweise bei (wiederholter) Anwendung zur Modellierung mehrstufiger Zufallsexperimente zu machen. Der Computereinsatz kann hier durch die Möglichkeit, Strukturen und Prozesse in dynamisch verknüpften Repräsentationen zu visualisieren, didaktisch wertvolle Dienste leisten, wie der Blick auf Abbildung 4 zeigt:

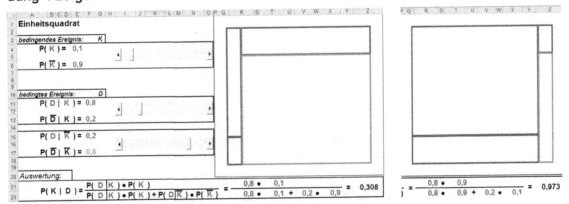

Abb. 4: Dynamische Visualisierung der Bayes-Formel im Einheitsquadrat
bei unterschiedlichen Wahrscheinlichkeiten des bedingenden Ereignisses

Durch die „parallelisierte" Darstellung von Bayes-Formel und Einheitsquadrat, die zusätzlich durch die entsprechende Farbgebung (vgl. dazu die Datei „equadrat.xls", die als interaktive Vierfelder-Tafel unter www.leitideedatenundzufall.de zum Download bereit steht) unterstützt wird, erhalten die Schülerinnen und Schüler die Gelegenheit, gezielt den Einfluss von verschiedenen Wahrscheinlichkeiten auf das Ergebnis der gesuchten bedingten Wahrscheinlichkeit zu untersuchen. Über die Schieberegler sind die Änderungen „in Echtzeit" dynamisch visualisiert steuerbar, was die Exploration weiter unterstützen kann. Das bloße Hantieren mit Schiebereglern wird (insbesondere den leistungsschwächeren) Schülerinnen und Schülern allerdings noch nicht den Erkenntnisgewinn garantieren, aber mit gezielten Leitfragen kann die Lehrkraft den Blick in einer solchen computergestützten Lernumgebung lenken. Durch die dynamische Visualisierung kann so im Unterricht die Einsicht herausgearbeitet werden, dass sich die Bayes-Formel als Flächenverhältnis von Rechtecken grafisch interpretieren lässt (vgl. Eichler & Vogel, 2010): Hier in Abbildung 4 ist es das Verhältnis zwischen dem Flächeninhalt des linken oberen Rechtecks und der Summe der Flächeninhalte der beiden oberen Rechtecke. In kognitionspsychologischer Hinsicht ist eine solche Doppelkodierung von symbol- und ikonbasierten Repräsentationen wesentlich für die mentale Modellbildung (vgl. Schnotz & Bannert, 1999). Die didaktische Tragfähigkeit einer solchen computergestützten Lernumgebung zeigt sich auch darin, dass die Problemkontexte hinsichtlich der Darstellung problemlos variierbar sind – es müssen lediglich die Variablenbezeichnungen ausgetauscht werden (wobei dies je nach Problemkontext und Problemstellung für die Schülerinnen und Schüler eine durchaus inhaltlich anspruchsvolle Aufgabe ist).

Wird die Bayes-Formel im Sinne des Lernens aus Erfahrung (von einer a-priori-Wahrscheinlichkeit zu einer a-posteriori-Wahrscheinlichkeit) mehrfach hintereinander angewendet (die a-posteriori-Wahrscheinlichkeit des vorausgehenden Schrittes wird zur a-priori-Wahrscheinlichkeit des nachfolgenden Schrittes), dann lässt sich die Entwicklung der a-posteriori-Wahrscheinlichkeiten ebenfalls nur mit Computerunterstützung in praktikabler Weise errechnen und veranschaulichen. In Abbildung 5 ist hierzu exemplarisch die Entwicklung der a-posteriori-Wahrscheinlichkeiten bei einem Würfelspiel dargestellt, bei dem es darum geht, beim verdeckten Würfeln mit einem Quaderwürfel bzw. einem handelsüblichen Spielwürfel aus den Informationen der geworfenen Augenzahlen auf den tatsächlich verwendeten Würfel zu schließen (vgl. Eichler & Vogel, 2009; S. 199-203).

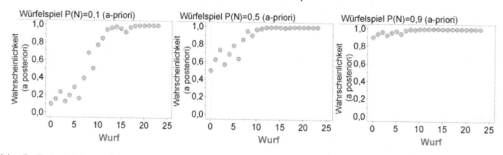

Abb. 5: Entwicklung der a-posteriori-Wahrscheinlichkeiten für den normalen Spielwürfel bei der Wurffolge 5-5-3-5-5-3-6-6-4-1-2-6-2-2-4-4-6-1-5-5-2-5-5

Als fast schon klassisch kann die Visualisierung der Erfahrungstatsache, dass sich die relative Häufigkeit eines zufälligen Ereignisses mit zunehmender Wiederholung des zugrundeliegenden zufälligen Vorgangs stabilisiert, am Beispiel eines handelsüblichen Spielwürfels betrachtet werden (Abb. 6 links). Die Schülerinnen und Schüler können hierbei beobachten, dass eine empirisch ermittelte relative Häufigkeit ein gutes Modell für eine theoretische Wahrscheinlichkeit abgibt. Dieser Umstand stellt die Grundlage für die computergestützte Erarbeitung des frequentistischen Wahrscheinlichkeitsbegriffs dar: Auf diese Weise sind Wahrscheinlichkeiten für zufällige Vorgänge erhältlich, bei denen theoretische Annahmen, wie z.B. die Annahme einer Gleichverteilung, nicht plausibel sind. In Abbildung 6 rechts ist dies anhand eines Quaderwürfels (sog. Riemer-Quader) veranschaulicht.

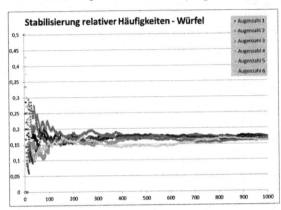

Abb. 6: Stabilisierung relativer Häufigkeiten beim Würfeln mit dem normalen Würfel und mit dem Riemer-Quader „auf lange Sicht" (1000 mal)

Das Potential der computergestützten Visualisierung zeigt sich auch bei der unterrichtlichen Erarbeitung fortgeschrittener stochastischer Themen der gymnasialen Oberstufe, wie z. B. dem Begriff des Konfidenzintervalls. Sicherlich kein einfaches Thema, das für einen verständnisbasierten Unterricht (wie auch beim Bayes-Theorem) mehr als das bloße Durchrechnen vorgegebener Formeln bedarf. Hier kann schon eine Visualisierung wie in Abbildung 7 (Hintergrund der Abbildung: Welche zufälligen Konfidenzintervalle ergeben sich, wenn man 1000-mal den normalen Würfel wirft und die Sechsen zählt?) helfen, der oft anzutreffenden Verwechslung von Schwankungsintervall und Konfidenzintervall vorzubeugen: Bei einem Schwankungsintervall ist p bekannt, die Grenzen des Intervalls sind fest und der Stichprobenanteil h=X/n ist eine Zufallsgröße. Dagegen ist bei einem Konfidenzintervall p zwar unbekannt (im gewählten Würfelbeispiel ist p=1/6 aus didaktischen Gründen bekannt) aber keine Zufallsgröße, der Stichprobenanteil und dadurch bedingt die Intervallgrenzen sind Zufallsgrößen, was ganz konkret bedeutet, dass die Intervallgrenzen des Konfidenzintervalls eben nicht fest sind, wie oftmals irrtümlicherweise angenommen. Dies kommt im „Konfidenzintervall-Stapel" der Abbildung 7, der sich aus der Abfolge von 100 hintereinander ausgeführten Simulationen ergibt, deutlich zum Ausdruck: Bei 100 Simulationen erwartet man bei einer Sicherheitswahrscheinlichkeit von 95 % in ca. 95 der Fälle eine Überdeckung des Anteils p (bei der Simulation in Abbildung 7 sind es 96 von 100 Fälle bzw. 4 (mit Pfeilen markierte) Konfidenzintervalle, die p nicht überdecken).

Rückblick/Bestandsaufnahme und Ausblick/Verallgemeinerung: Beim Visualisieren von Modellierungen zufälliger Vorgänge erhalten die Aspekte von Rückblick/Bestandsaufnahme sowie Ausblick/Verallgemeinerung gewissermaßen ein „Gesicht": Sie spiegeln sich in den Ausgangsgrößen und Endgrößen eines zufälligen Prozesses (bzw. dessen mehrfacher Wiederholung), der in seiner Struktur modellhaft ausschnittsweise betrachtet wird. Das Erkennen der zugrundeliegenden Gesetzmäßigkeit erlaubt in der Abstraktion des am Computerbildschirm Gesehenen ein prinzipielles Schließen über den betrachteten Ausschnitt hinaus. Der Computer hat dabei gewissermaßen die Rolle, eine virtuelle empirisch anschauliche Welt zu erzeugen, welche die Denkgrundlage für theoretische Konzeptionen der Stochastik anreichern kann.

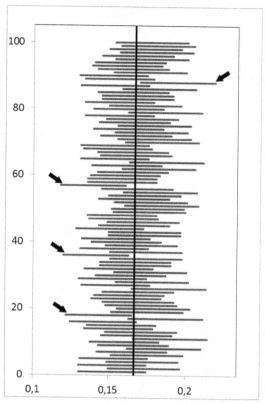

Abb. 7: „Konfidenzintervall-Stapel" bei 100 hintereinander ausgeführten Simulationen

4. Zusammenfassung

Ein Stochastikunterricht, der Daten und durch sie vermittelte Realität ernst nimmt, besteht wesentlich aus der Analyse von bereits vorliegenden Daten (deskripitve Datenanalyse) und künftig zu erwartenden Daten (schließende Wahrscheinlichkeitsanalyse). Die Tätigkeiten, welche die Schülerinnen und Schülern bei solchen Analysen ausführen, sind grundlegend von modellierungstechnischer Natur, sie bestehen aus dem Aufstellen, Bearbeiten und Bewerten von Modellen der Realität. In diesem Zusammenhang ermöglicht der Computer explorative Vorgehensweisen, die mathematische Modellierungsprozesse paradigmatisch charakterisieren. Es geht weniger um das Anwenden fertiger Modellierungen auf Daten und die Überprüfung, was bei solchen standardisierten Verfahren aus den Daten herauszuholen ist. Die explorative Datenanalyse beginnt möglichst vorurteilsfrei bei den Daten (Tukey, 1977) und versucht, die Daten in unterschiedlichen Darstellungen, Abständen und Perspektiven zu betrachten, um tatsächlich vorhandene Strukturen im Nebel der Datenwolke aufzuspüren, also nicht durch fertige Verfahren Strukturen von außen hineinzutragen. Gefundene Strukturen können hinsichtlich ihrer prognostischen Aussagekraft über Simulationen erforscht werden, wahrscheinlichkeitstheoretische Überlegungen lassen sich so virtuell, gewissermaßen „quasi-empirisch" unterlegen.

Bei einem computergestützten Stochastikunterricht nehmen Simulationen eine besondere Stellung ein, sie haben keinesfalls nur „Krücken"-Funktion für die vermeintlich weniger Theorie-Begabten. Mit computergestützten Simulationen kann die statistische Variabilität, die sich bei zufälligen Vorgängen ergibt, veranschaulicht und erforscht werden. Zufall und Wahrscheinlichkeit werden durch Simulationen ein Stück weit „greifbarer", wenn die Schülerinnen und Schüler den zufälligen Grundvorgang verstanden haben und Simulationen als sehr häufige Wiederholungen dieses Grundvorgangs begreifen. Durch die externe Darstellung des Simulationsvorgangs kann so die mentale Modellbildung angeregt werden, die die prinzipielle interne Simulationsfähigkeit im Sinne eines „Was wäre, wenn der Vorgang sehr oft wiederholt würde – worauf läuft der Prozess hinaus?" erlaubt. So wird erst deutlich, dass auch beim Zufall Gesetzmäßigkeiten regieren. Das wesentliche didaktische Potenzial der Simulationen ist darin zu sehen, dass damit das Verständnis des Wahrscheinlichkeitsbegriffs vertieft und das Tor zur schließenden Statistik aufgestoßen werden kann.

Die vielfältigen Einsatzmöglichkeiten des Computers im Stochastikunterricht, die in den vorausgehenden Beispielen exemplarisch beleuchtet wurden, lassen sich hinsichtlich ihrer didaktischen Bedeutung in drei Funktionen gruppieren (vgl. Eichler & Vogel, 2009):

- Er dient als *Rechenhilfe* bei der Erfassung größerer Datenmengen, wie z.B. den abgebildeten CO_2-Daten (Abb. 1), und erlaubt umfangreiche Berechnungen bei der Verarbeitung der Daten. Diese sind zwar von Hand prinzipiell machbar, aber es ist im Unterricht zu zeitraubend und darüber hinaus didaktisch auch nicht wünschenswert, wenn es in erster Linie um Fragen der Modellierung und nicht um Fragen von verfügbaren Rechenfertigkeiten geht.

- Durch die vielfältigen und variablen Repräsentationsmöglichkeiten, wie z.B. bei der Betrachtung der Stabilisierung relativer Häufigkeiten (Abb. 6) oder dem „Konfidenzintervall-Stapel" (Abb. 7), werden explorative Arbeitsweisen möglich, bei denen im Unterricht Strukturen in Daten und Wahrscheinlichkeiten aufgezeigt und erforscht werden können. Der Computer fungiert in dieser Hinsicht als *Darstellungs- und Erforschungsinstrument*.

- Die interaktive Steuerung und die dynamische Verknüpfung der Computerdarstellungen, wie sie z.B. bei der dynamischen Visualisierung der Bayes-Formel im Einheitsquadrat gegeben ist (Abb. 4), *unterstützen* eine vertiefte *Begriffsbildung*, die ohne Computereinsatz so nicht gegeben wäre.

In diesen Funktionen zeigt sich ein echter Mehrwert des Computers im Stochastikunterricht und darüber hinaus, wie ein Blick in die KMK-Bildungsstandards im Fach Mathematik für die Allgemeine Hochschulreife (KMK, 2012) zeigt: Hier wird die Bedeutung des Computers durch die Betrachtung in einem eigenen Abschnitt („1.4 Digitale Mathematikwerkzeuge") gewürdigt. Der Mehrwert wird gesehen beim Entdecken mathematischer Zusammenhänge und der Verständnisförderung (insbesondere mittels vielfältiger Darstellungsmöglichkeiten), in der Reduktion schematischer Abläufe und der Verarbeitung größerer Datenmengen sowie durch die Unterstützung individueller Zugangs- und Kontrollmöglichkeiten (vgl. KMK, 2012, S. 12/13). Die Passung zu den oben genannten drei Funktionen ist offensichtlich. Es wird deutlich, dass ein zeitgemäßer Stochastikunterricht ohne Computer gar nicht mehr denkbar ist, der spezifische Computereinsatz ist als eigener Unterrichtsinhalt zu einem integralen Bestandteil der Leitidee Daten und Zufall geworden.

Literatur

Eichler, A. / Vogel, M. (in press): Daten- und Wahrscheinlichkeitsanalyse als Modellierung. In R. Borromeo Ferri, G. Greefrath & G. Kaiser (Hrsg.), Didaktik des mathematischen Modellierens – Erste Bausteine. Wiesbaden: Vieweg+Teubner

Eichler, A. / Vogel, M. (2009): Leitidee Daten und Zufall – Von konkreten Beispielen zur Didaktik der Stochastik. Wiesbaden: Vieweg+Teubner.

Eichler, A. / Vogel, M. (2010): Die (Bild-)Formel von Bayes. PM - Praxis der Mathematik in der Schule, 52(32), S. 25-30.

Eichler, A. / Vogel, M. (2011): Leitfaden Stochastik. Wiesbaden: Vieweg+Teubner

Gigerenzer, G. / Krauss, S. (2001): Statistisches Denken oder statistische Rituale? Was sollte man unterrichten? In: Borovcnik, M., Engel, J. & Wickmann, D. (Hrsg.), Anregungen zum Stochastikunterricht: Die NCTM-Standards 2000, Klassische und Bayessche Sichtweise im Vergleich. Hildesheim: Franzbecker, 53-62.

KMK (Kultusministerkonferenz) (2012): Bildungsstandards im Fach Mathematik für die Allgemeine Hochschulreife: [Beschluss vom 18.10.2012] http://www.kmk.org/fileadmin/veroeffentlichungen_beschluesse/2012/2012_10_18-Bildungsstandards-Mathe-Abi.pdf (Stand: 11.02.2013)

KMK (Kultusministerkonferenz) (2003): Bildungsstandards im Fach Mathematik für den Mittleren Schulabschluss: [Beschluss vom 04.12.2003] München: Luchterhand.

Meyer, J. (2006a): Ein einfacher Zugang zu t-Tests. In: Meyer, J. / Oldenburg, R. (Hrsg.): Materialien für einen realitätsbezogenen Mathematikunterricht. Band 9. (Schriftenreihe der ISTRON-Gruppe). 2006 Hildesheim: Franzbecker Verlag, S. 141 - 152.

Meyer, J. (2006b): Ein einfacher Zugang zu nichtparametrischen Tests. In: Meyer, J. / Oldenburg, R. (Hrsg.): Materialien für einen realitätsbezogenen Mathematikunterricht. Band 9. (Schriftenreihe der ISTRON-Gruppe). 2006 Hildesheim: Franzbecker Verlag, S. 153 - 165.

Schnotz, W. / Bannert, M. (1999): Einflüsse der Visualisierungsform auf die Konstruktion mentaler Modelle beim Text- und Bildverstehen. Zeitschrift für experimentelle Psychologie, 46, 217-236.

Schupp, H. (1982): Zum Verhältnis statistischer und wahrscheinlichkeitstheoretischer Komponenten im Stochastik-Unterricht der Sekundarstufe I. Journal für Mathematik-Didaktik, 3 (3/4), 207-226.

Steinbring, H. / Strässer, R. (Hrsg.) (1981): Rezensionen von Stochastik-Lehrbüchern. Zentralblatt der Mathematikdidaktik (ZDM), 13, 236-286.

Tukey, J. W. (1977): Exploratory Data Analysis. Reading: Addison Wesley.

Vogel, M. (2008): "Reste verwerten" - Überlegungen zur didaktischen Wertschätzung von Residuen, in A. Eichler & J. Meyer (Hrsg.), Anregungen zum Stochastikunterricht Band 4, Tagungsband 2006/2007 des Arbeitskreises „Stochastik in der Schule" in der Gesellschaft für Didaktik der Mathematik e. V. (S. 159-168). Hildesheim: Franzbecker.

Vogel, M. (2009): Experimentieren mit Papierfröschen, PM - Praxis der Mathematik in der Schule, 51(2), 22-30.

Vogel, M. / Eichler (2010): Residuen helfen gut zu modellieren. Stochastik in der Schule, 30(2), 8-13.

Vogel, M. / Eichler, A. (2011): Das kann doch kein Zufall sein! Wahrscheinlichkeitsmuster in Daten finden (Basisartikel). PM - Praxis der Mathematik in der Schule, (53)39, S. 2-8.

Wild, C. / Pfannkuch, M. (1999): Statistical Thinking in Empirical Enquiry. International Statistical Review 67(3), S. 223-248.

Anschrift der Autoren:

Prof. Dr. Markus Vogel, Pädagogische Hochschule Heidelberg
E-Mail: vogel@ph-heidelberg.de

Prof. Dr. Andreas Eichler, Pädagogische Hochschule Freiburg
E-Mail: andreas.eichler@ph-freiburg.de

Die Modellierung von Märkten

- ein Anwendungskontext aus der Volkswirtschaftslehre

Andreas WAGENER, Hannover

Abstract: Anhand eines einfachen Modells eines Marktes wird illustriert, welche mathematischen Modellierungskompetenzen in der ökonomischen Theorie benötigt werden. Im Vordergrund stehen dabei das grundlegende Verständnis mathematischer Konzepte (Gleichungen, Funktionen, Ableitungen und Differentiale) und die Fähigkeit, zwischen alltagsweltlicher und mathematischer Anwendung hin- und zurückübersetzen zu können.

0. Einleitung

Die Wirtschaftswissenschaften verwenden die Mathematik auf vielfältige Arten. Das beginnt beim gewandten Umgang mit Zahlen und Grundrechenarten, der den „guten Kaufmann" auszeichnet, der aber noch recht wenig mit Mathematik zu tun hat. In Empirie-basierten Forschungsrichtungen und Anwendungen steigert sich die Anwendung der Mathematik dann von einfachen „Rechenaufgaben" (wie etwa der Ermittlung und Verknüpfung von Kennzahlen) über deskriptive statistische Methoden bis hin zu komplexen Verfahren der Zeitreihenanalyse und der Ökonometrie, die ein beträchtliches Ausmaß an Wahrscheinlichkeitstheorie und deduktiver Statistik beinhalten. In der Wirtschafts*theorie* - um die es in diesem Text gehen soll - wird die Mathematik hingegen im Wesentlichen zur Formulierung und Analyse von Modellen verwendet; die Mathematik ist hier in gewisser Weise die Sprache der Wirtschaftstheorie geworden.

Die Komplexität ökonomischer Zusammenhänge kann nur mit Hilfe vereinfachender Abbildungen dargestellt werden, will man überhaupt irgendwelche Strukturen erkennen. Dies gilt sowohl auf makroökonomischer (gesamtwirtschaftlicher) wie auch auf mikroökonomischer (einzelwirtschaftlicher) Ebene, wobei die unternehmensbezogene Sichtweise der Betriebswirtschaftslehre - sofern sie modellbasiert-quantitativ arbeitet - hier einmal in letztere eingemeindet sei. Hierfür eignet sich die Mathematik sehr gut. Im Vordergrund stehen dabei in der Wirtschaftstheorie nicht Rechenregeln oder -techniken, sondern die Fähigkeit, mit Hilfe allgemeiner mathematischer Konzepte (beobachtete oder vermutete) Regularitäten zu formulieren, ihr Zusammenwirken nach den Regeln der mathematischen Logik zu analysieren und die so gefundenen Ergebnisse in „normale" Sprache zurückzuübersetzen und womöglich auf reale ökonomische Probleme anzuwenden.

Der vorliegende Aufsatz illustriert dieses Vorgehen am Beispiel eines Marktes, also dem Zusammentreffen von Angebot und Nachfrage für ein Gut. Dieses Beispiel ist aus mehreren Gründen für illustrative Zwecke geeignet: Es ist volkswirtschaftlich elementar und wird (wenngleich nicht immer formal) in den ersten Kapiteln eines jedem Einführungskurses/-textes in die Volkswirtschafslehre (Mikroökonomik) behandelt. Sein Verständnis setzt also keinerlei ökonomische Vorkenntnisse voraus. Das Beispiel ist sodann auch mathematisch recht elementar. Im Prinzip wären alle Resultate auch graphisch und ohne Kenntnisse in Analysis ableitbar (und in US-Lehrtexten für Bachelor-Studenten, deren College-Curricula weiterführende Mathematik nicht beinhalten, geschieht dies auch). Auch dieser Text kommt mathematisch mit der Analysis von Funktionen einer Veränderlichen aus, wie sie im

Schulunterricht (Sek II) vermittelt wird. Schließlich sind die trotz aller Einfachheit des Modells recht reichhaltigen Ergebnisse intuitiv eingängig und gestatten auch eine klare und einfache Rückübertragung in die Alltagssprache.

Die Herausforderungen dieses formalen Modells sollten dennoch nicht unterschätzt werden. Selbst in seiner Schlichtheit verlangt es nach einem guten inhaltlichen (und nicht nur mathematischen) Verständnis der Grundbegriffe der Analysis (Funktion, Monotonie, Ableitung etc.), nach der Fähigkeit, diese abstrakten Konzepte auf einen konkreten Sachverhalt anwenden zu können, nach der Kreativität, inhaltliche Fragen (hier aus der Ökonomik) in mathematisches Gewand zu kleiden, nach einer gewissen Souveränität im Umgang mit allgemeinen Rechenregeln der Analysis und nach der Fertigkeit, erhaltene mathematische Ergebnisse zu deuten und in Begrifflichkeiten des Anwendungskontexts (hier: des Marktes) zurück zu übertragen.

Die Vermittlung all dieser Kompetenzen stellt – zumindest aus Sicht eines Wirtschaftstheoretikers – ein wichtiges Lernziel der schulischen Mathematikausbildung dar. Der Verfasser dieses Textes ist allerdings weder Mathematiker noch Didaktiker und kann somit wenig dazu sagen, wie man diese Kompetenzen geeignet vermitteln und mit den zahlreichen sonstigen Anforderungen an den Mathematikunterricht sinnvoll kombinieren kann. Insofern liefert dieser Text neben einer Darstellung nur ein Plädoyer und keine Handreichung ab: die Mathematik stärker als Sprache zu vermitteln.

Der Rest dieses Textes ist folgendermaßen aufgebaut: Abschnitt 1 führt ein einfaches Marktmodell inhaltlich und mathematisch ein. Im Zentrum steht dabei die Beschreibung eines Marktgleichgewichts (welches in Form einer Gleichung abgebildet wird). Abschnitt 2 analysiert am Beispiel einer Steuer, mit der das gehandelte Gut belegt werden soll, wie man Veränderungen dieses Gleichgewichtes analysieren kann. Abschnitt 3 stellt dar, wie man die Tauschvorteile auf einem Markt ermitteln kann. Am Ende jedes Abschnitts werden die erforderlichen mathematischen Konzepte und Kenntnisse noch einmal zusammengefasst. Abschnitt 4 diskutiert mögliche Erweiterungen, bevor Abschnitt 5 beschließt.

Bevor es losgeht, sind noch eine Warnung und eine Entwarnung angezeigt: Die Warnung betrifft die Einfachheit des hier vorgestellten Marktmodells – die natürlich ihren Preis in einer engen inhaltlichen Begrenztheit hat. Wir betrachten ein statisches Partialmodell eines vollkommenen Marktes für genau ein Gut. Alles was eigentlich „die Musik" in der Ökonomie ausmacht, ist hier *qua Konstruktion* nicht enthalten: Wechselwirkungen zwischen Märkten für verschiedene Güter, Interdependenzen zwischen (einzelnen) Marktakteuren, dynamische Prozesse, Marktversagen, Ungleichgewichte etc. Die ökonomische Theorie „kann" dies alles – allerdings nicht in einem 20-seitigen Aufsatz und auch nicht mehr nur mit den Methoden der Schulmathematik. Im letzten Abschnitt werden ein paar Erweiterungen angerissen und in der Literaturliste sind zum Beleg ein paar weiterführende Texte aufgeführt.

Die Entwarnung richtet sich an kapitalismuskritische Leserinnen und Lesern. Sie seien versichert, dass dieser Text keine Apologetik des Marktes liefern wird: normative Aussagen zu den Effizienz- und Verteilungseigenschaften von Märkten werden nicht vorkommen - und können, auch wenn dies leider manchmal geschieht, in derart vereinfachten Modellen auch gar nicht sinnvoll getroffen werden. Dieser Text beschränkt sich auf die mathematische Modellierung.

1. Ein Markt: Nachfrage, Angebot und Gleichgewicht

1.1. Allgemeine Beschreibung

„Die Wirtschaft" ist ein sich permanent und manchmal diskontinuierlich veränderndes Geflecht von Markt- und Nicht-Marktprozessen, in dem potenziell mehrere Milliarden simultan agierende Akteure (Einzelpersonen, Firmen, Regierungen etc.) sich mit der Produktion und Bereitstellung, der Verteilung und der Verwendung von Millionen verschiedenen Gütern (Konsumgütern, Investitionsgütern, materiellen und immateriellen Gütern, Finanztiteln, Eigentumsrechten etc.) beschäftigen. Seine enorme Komplexität verhindert jegliche Komplettbeschreibung des Wirtschaftsgeschehens, so dass ein analytischer Zugang nur auf dem Wege der vereinfachenden Abstraktion und damit mittels Modellen möglich ist. In dem hier zu beschreibenden Modell eines vollkommenen Marktes erfolgt diese vereinfachende Abstraktion auf recht radikale Weise.

Betrachtet werden dabei Tauschvorgänge für ein konkretes, homogenes Gut mit klar definierten und allseits bekannten Eigenschaften (etwa Kaffee oder Benzin einer bestimmten Sorte, Aktien eines bestimmten Unternehmens etc.). Für dieses Gut gebe es eine große Zahl potenzieller Nachfrager – also Wirtschaftssubjekte, die den Erwerb dieses Gutes in Erwägung ziehen und für das Gut eine positive Zahlungsbereitschaft haben - sowie eine große Zahl potenzieller Anbieter -- also Wirtschaftssubjekte, die erwägen, das Gut als Produzenten, Besitzer oder Händler in Verkehr zu bringen planen, sofern sie hierfür eine entsprechende Kompensation erhalten. Die Koordination der Pläne von Nachfragern und Anbietern erfolgt über einen Markt, also einen - in seinen Details hier unerklärt bleibenden - dezentralen (Auktions-)Mechanismus, als dessen Ergebnis sich ein Preis einstellen wird, zu dem alle Transaktionen zwischen Nachfragern und Anbietern dann stattfinden (könnten). Der Preis, der die Pläne von Anbietern und Nachfragen bestmöglich miteinander kompatibel macht, heißt Marktgleichgewicht.

Vereinfacht – und so wird das Modell aussehen - ist ein Markt das Zusammentreffen von Angebot (= „Verkaufsinteresse") und Nachfrage (= „Kaufinteresse") für ein Gut. Ein Markt befindet sich in einem Gleichgewicht, wenn dort Nachfrage und Angebot gleich sind.

Wir haben es hier offensichtlich mit einem sehr engen Ausschnitt zu tun (Partialmodell): der Fokus auf ein Gut und das Gleichgewicht auf dem Markt für dieses Gut unterstellt, dass der gesamte „Rest der Ökonomie" irrelevant ist. Naturgemäß existieren aber sowohl nachfrage- als auch angebotsseitig Wechselwirkungen mit anderen Gütern bzw. deren Märkten (oder etwaigen anderen „Allokationsmechanismen"). In Abschnitt 4 („Erweiterungen") werden wir kurz darauf eingehen.

1.2. Nachfrage

Unter der Nachfrage nach einem Gut versteht man die *geplanten* Käufe dieses Gutes. Wie viel jemand von einem Gut zu kaufen plant, hängt auf möglicher Weise komplexe Art von einer Reihe von Faktoren ab: von den Präferenzen (ob man das Gut mag oder nicht), vom Einkommen oder Vermögen (wie viel man sich von diesem und anderen Gütern leisten kann), vom Vorhandensein und den Preisen anderer Güter (wenn es keinen Joghurt gibt oder er teurer wird, kauft man vielleicht mehr Quark), vom Verhalten anderer Leute (um mit ihnen mitzuhalten oder sich abzugrenzen).

Eine zentrale Einflussgröße auf die Kaufwünsche für ein Gut ist aber sicherlich der Preis eben dieses Gutes – und dieser Zusammenhang wird im Folgenden isoliert. Man kann ihn mathematisch als *Nachfragefunktion* mit der nachgefragten Menge N eines Gutes als abhängiger Variable und dem Preis p dieses Gutes als unabhängiger Variablen modellieren:

$$N = N(p).$$

Sowohl N als auch p sind nicht-negative Variablen. Die Nachfrage wird in Mengeneinheiten (in beliebiger Skalierung) des Gutes (etwa: kg Kaffee), der Preis in der Dimension „Geldeinheiten pro Mengeneinheit" (etwa: € pro kg Kaffee) gemessen. Wir unterstellen sowohl für das Gut als auch für Geldbeträge beliebige Teilbarkeit, so dass N und p als reellwertige Variablen aufgefasst werden können; etwaige Unteilbarkeiten spielen in diesem Text, aber auch generell in der Wirtschaftstheorie keine große Rolle:

$$N: \mathbb{R}_+ \to \mathbb{R}_+ \text{ mit } p \mapsto N(p).$$

Hier lässt sich im Mathematikunterricht schön der Funktionen- oder Abbildungsbegriff illustrieren: jedem Preis wird genau eine geplante Kaufmenge zugeordnet. Ändert sich der Preis, so ändert sich potenziell auch die Nachfragemenge. Nicht in der Formulierung enthalten (oder zumindest nicht explizit vorgesehen) ist hingegen, dass die nachgefragte Menge ihrerseits den Preis beeinflussen könnte; die Abbildungsrichtung $p \mapsto N(p)$ ist hier kausal gemeint. Dies ist für die ökonomische Interpretation wichtig: kein Marktteilnehmer glaubt, dass seine Nachfragepläne auf den Preis zurückwirken. Dies spiegelt die Annahme wider, dass es sehr viele (potenzielle) Nachfrager gibt, so dass der Einfluss des einzelnen nicht wahrnehmbar ist und Preise individuell als parametrisch fix unterstellt werden (sog. *preisnehmendes Verhalten*).

Bisher war von den Kaufwünschen einer Person die Rede. Diese lassen sich aber (in der hiesigen Partialbetrachtung) durch einfache Summation zur Marktnachfrage, d.h. zur Nachfragefunktion „der Ökonomie" nach dem Gut aggregieren (Formal: wenn es H potenzielle Konsumenten gibt, die jeweils die Nachfragefunktion $N_h = N_h(p)$ für das Gut haben ($h = 1, \ldots, H$), so ergibt sich die Marktnachfrage als $N = \sum_h N_h(p)$). Im Folgenden werde mit N stets die Marktnachfrage bezeichnet.

Bei der Marktnachfrage lässt sich bei den weitaus meisten Gütern empirisch die folgende Regelmäßigkeit beobachten (bisweilen als „Gesetz der Nachfrage" bezeichnet – auch wenn es sich keineswegs um eine Naturgesetzmäßigkeit handelt):

Je höher der Preis eines Gutes, desto geringer sind (bei ansonsten gleichen Bedingungen) die Kaufwünsche nach diesem Gut.

Mathematisch heißt das, dass die Nachfragefunktion N(p) *streng monoton fällt*:

$$p_1 > p_2 \Rightarrow N(p_1) < N(p_2).$$

Unterstellt man, dass die Nachfragefunktion stetig differenzierbar ist (was man bei der *Markt*nachfrage typischer Weise getrost machen darf), so lässt sich dies auch mittels der *ersten Ableitung* ausdrücken:

$$N'(p) < 0 \text{ für alle } p > 0.$$

Es ist für viele Güter plausibel (aber für die folgende Analyse in keiner Weise erforderlich), dass oberhalb eines bestimmten, hohen Preises (dem sog. *Prohibitivpreis*) niemand mehr das Gut zu kaufen bereit ist:

$$\exists \bar{p}: \; p \geq \bar{p} \Rightarrow N(p) = 0.$$

Für diesen Fall müssen natürlich die obigen strengen Monotonie-Annahmen auf das Intervall $(0, \bar{p})$ begrenzt werden. Im Mathematikunterricht könnte man an dieser Stelle auf den Unterschied zwischen schwacher und strenger Monotonie eingehen.

1.3. Angebot

Unter dem Angebot eines Gutes versteht man die Menge des Gutes, die in den Verkauf zu bringen geplant ist. Wie viel ein (potenzieller) Produzent oder Händler von einem Gut feilzubieten plant, hängt wiederum auf möglicher Weise komplexe Art von einer ganzen Reihe von Faktoren ab: von den Produktionstechnologien (z.B. wie „leicht" das Gut vermehrt werden kann), von den Kosten der Produktion (z.B. Lohn- oder Kapitalkosten), vom Vorhandensein und den Preisen anderer Güter, vom Verhalten anderer Produzenten (Konkurrenten oder Anbieter komplementärer Güter) etc.

Eine zentrale Einflussgröße für die Pläne, mit welcher Menge ein Anbieter auf den Markt tritt, ist sicherlich wiederum der Preis (d.h. der Stückerlös) eben dieses Gutes – und diesen Zusammenhang soll im Folgenden wieder isoliert werden. Wir können uns hier kurz fassen, da die Modellierung strukturähnlich zur Nachfragefunktion erfolgt; auch die Interpretation und die mathematische Diskussion sind analog.

Der Zusammenhang zwischen Preis und angebotener Menge eines Gutes kann mathematisch als *Angebotsfunktion* A(p) mit der angebotenen Menge A als abhängiger Variable und dem Preis p als unabhängiger Variablen dargestellt werden; beide Variablen werden wieder als nicht-negativ und stetig variierbar unterstellt:

$$A: \; \mathbb{R}_+ \to \mathbb{R}_+ \text{ mit } p \mapsto A(p).$$

An dieser Stelle muss noch einmal auf die Annahme des preisnehmenden Verhaltens hingewiesen werden: A ist eine Funktion von p – der Preis ist also eine unabhängige Variable. Kein Anbieter hat also Marktmacht (wie sie bei Monopolen oder Oligopolen auftritt); hier wird ein idealtypischer Konkurrenzmarkt modelliert.

Wir fassen A im Folgenden wieder als Marktangebotsfunktion (d.h. als Summation der Angebotsfunktionen aller potenziellen Anbieter) auf. Hierbei lässt sich empirisch die folgende Regelmäßigkeit beobachten („Gesetz des Angebots"):

> *Je höher der Preis eines Gutes, desto höher sind (bei ansonsten gleichen Bedingungen) die Angebotspläne für dieses Gut.*

Die Angebotsfunktion A(p) ist damit *streng monoton steigend*:

$$p_1 > p_2 \Rightarrow A(p_1) > A(p_2)$$

oder, bei stetiger Differenzierbarkeit,

$$A'(p) > 0 \text{ für alle } p > 0.$$

Da ein Angebot in aller Regel betriebswirtschaftlich erst sinnvoll ist, wenn der zu erlösende Preis mindestens die (variablen) Produktionskosten oder bei Händlern den Einstandspreis deckt, ist es plausibel, dass es eine Preisuntergrenze (einen sog. *Mindestpreis*) gibt, unterhalb derer kein Marktangebot erfolgen wird:

$$\exists \underline{p}: p \leq \underline{p} \Rightarrow A(p) = 0.$$

Mit dieser (unerlässlichen) Annahme müssen die obigen strengen Monotonieerfordernisse auf das Intervall $(\underline{p}, \infty)$ begrenzt werden.

1.4. Gleichgewicht

Ein Gleichgewicht ist eine Situation, in der die Pläne der Konsumenten mit den Plänen der Produzenten übereinstimmen, wo also die angebotene Menge gleich der nachgefragten Menge ist. Die mathematische Umsetzung findet diese Idee in der folgenden

> <u>Definition:</u> Ein <u>Gleichgewicht</u> auf einem Markt ist ein Preis p^* derart, dass
>
> $$A(p^*) = N(p^*).$$
>
> Die zugehörige Menge heißt <u>Gleichgewichtsmenge</u>.

Wir betrachten im Folgenden nur sog. nicht-triviale Gleichgewichte, d.h. Gleichgewichte, in denen die Gleichgewichtsmenge positiv ist, in denen also tatsächlich Handel zustande kommt. Triviale Gleichgewichte (mit $A(p^*) = N(p^*) = 0$) können beispielsweise vorliegen, wenn der Mindestpreis, den Anbieter verlangen müssten, um auf dem Markt aktiv zu werden, oberhalb des Prohibitivpreises, d.h. der maximalen Zahlungsbereitschaft der Nachfrager liegt, wenn also $\underline{p} > \bar{p}$. In diesem Fall wären definitionsgemäß alle $p^* \in (\bar{p}, \underline{p})$ Gleichgewichte – allerdings von nur geringem Interesse (Urlaubsreisen zum Pluto wären ein albernes Beispiel).

Ein (nicht-triviales) Gleichgewicht kann durch Lösen einer Gleichung in einer Unbekannten ermittelt werden. Hierbei verdienen folgende Eigenschaften Erwähnung:

a) Wenn Angebots- und Nachfragefunktion streng monoton sind (d.h., wenn $A'(p) > 0 > N'(p)$ für alle p), dann ist ein nicht-triviales Gleichgewicht stets *eindeutig* (sofern es existiert). Geometrisch argumentiert, schneiden sich die Graphen einer fallenden und einer steigenden Funktion höchstens einmal. Ein formaler Beweis (etwa durch Kontraposition) ist einfach, angesichts der Offensichtlichkeit der Aussage aber erlässlich.

b) Eine notwendige Bedingung für die Existenz[1] eines (nicht-trivialen) Gleichgewichts ist, dass der Mindestpreis unterhalb des Prohibitivpreises liegt (dass also $\bar{p} > \underline{p}$).

c) Bei ungleichgewichtigen Situationen lassen sich zwei Fälle unterscheiden:

- Liegt der Preis auf einem Markt unterhalb des Gleichgewichts ($p < p^*$), so besteht eine Überschussnachfrage: $A(p) < N(p)$. Das Angebot ist zu gering, um alle Nachfragewünsche befriedigen zu können. Es kommt zu einer Rationierung; einige Nachfrager gehen leer aus. Typische Beispiele sind staatlich

---

[1] „Existenz" ist hier im logischen, nicht im empirischen Sinn zu verstehen. Es geht lediglich darum, ob die Gleichgewichtsbedingung formal erfüllbar ist, nicht darum, ob und wie reale Märkte zu einem Ausgleich finden. In der neoklassischen Wirtschaftstheorie stellt das Gleichgewicht aber zugleich eine theoretische Prognose dar: einen Zustand, dem sich ein Markt/eine Ökonomie langfristig annähern wird. Dies kann man natürlich auch formal präzise fassen, was aber hier nicht passieren soll.

administrierte Preisobergrenzen (Höchstpreise) wie etwa bei der Mietpreis-bindung.

- Liegt der Preis hingegen oberhalb des Gleichgewichts ($p > p^*$), so herrscht ein Überschussangebot: $A(p) > N(p)$. Die Nachfrage ist zu gering, um das Angebot zu absorbieren; einige Anbieter bleiben auf ihren Produkten sitzen. Typische Beispiele sind staatlich administrierte Preisuntergrenzen (wie etwa bei Mindestlöhnen auf dem Arbeitsmarkt).

Im Vergleich mit diesen Ungleichgewichtssituationen werden zwei wichtige Eigenschaften von Marktgleichgewichten sichtbar:

- In einem Gleichgewicht gibt es keine „Unzufriedenen": zum herrschenden Preis können die Wünsche aller Nachfrager und die Wünsche aller Anbieter befriedigt werden.

- Anbieter können höchstens die Menge absetzen, für die sie Nachfrager finden, und umgekehrt können Nachfrager höchstens so viel erwerben, wie auch angeboten wird. Das tatsächliche Handelsvolumen wird damit durch die „kürzere" Marktseite bestimmt (vgl. obige Beschreibung der Ungleichgewichte). Das Marktgleichgewicht hat dann die Eigenschaft, dass es das tatsächliche Handelsvolumen maximiert. Formal ist p^* diejenige Stelle, an der der kleinere der Werte von Angebot und Nachfrage am größten wird:

$$p^* = \arg\max_p \min\{A(p), N(p)\}$$

oder, in mengenwertiger Schreibweise:

$$p^* = \{p \mid \min\{A(p), N(p)\} \text{ ist maximal}\} .$$

Abbildung 1 veranschaulicht noch einmal die Konzepte Nachfrage, Angebot und Gleichgewicht. Hierbei wird die in der Ökonomik bei der Darstellung von Märkten traditionelle, ansonsten aber heutzutage eher unübliche Anordnung des Koordinatensystems gewählt, die die unabhängige Variable (Preis) auf der Ordinate, die abhängige (Menge) hingegen auf der Abszisse abträgt. Die Wahl linearer Angebots- und Nachfragefunktionen ist allein der Bequemlichkeit des Verfassers geschuldet; nichts im Modell erfordert Linearität.

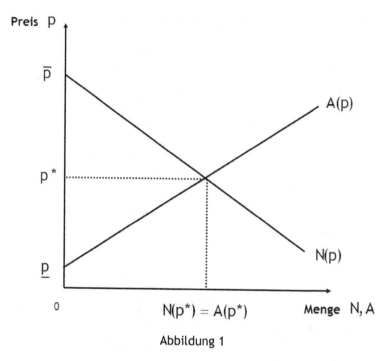

Abbildung 1

2. Komparative Statik oder: Wie wirkt eine Steuer?

2.1. Szenario

Ökonomen verwenden das Konzept des Gleichgewichts vielfach, um (theoretische) Prognosen darüber abzugeben, wie Änderungen im politischen, sozialen oder technologischen Umfeld sich auf das Wirtschaftsgeschehen auswirken. Sie verwenden dabei in aller Regel Modelle, die weitaus komplexer sind als das einfache Marktmodell aus Kapitel 1. Dennoch eignet sich dieses Modell gut dazu, die prinzipielle Vorgehensweise zu erläutern – und zugleich den „Sprachcharakter" der Mathematik in der Ökonomik zu illustrieren.

Unter Rückgriff auf das Gleichgewichtskonzept lässt sich die Frage, wie sich denn Änderungen im politischen, sozialen oder technologischen Umfeld auswirken, wie folgt präzisieren: Wie *ändert* sich das Gleichgewicht auf einem Markt, wenn sich an den ökonomischen Gegebenheiten etwas ändert? In der Ökonomik wird diese Art von Fragestellung als *komparative Statik* bezeichnet: ein Vorher-Nachher-Vergleich - unter Ausblendung möglicher Übergangsdynamiken.

Exemplarisch für eine „Änderung" sollen hier die Wirkungen einer Steuer untersucht werden, mit der das gehandelte Gut belegt wird. Auch wenn dieses Beispiel vor allem aus Gründen der einfachen mathematischen Handhabbarkeit gewählt wurde, so ist es dennoch unmittelbar anwendungsrelevant. Konkret könnte es sich hier etwa um den Kaffeemarkt (im Großhandel) in Deutschland handeln, wo laut aktuellem Kaffeesteuergesetz Importeure (d.h. Anbieter von Kaffee) eine Steuer in Höhe von 2,19 € pro kg Röstkaffee oder von 4,78 € pro kg löslichen Kaffees an den Fiskus abführen müssen. Ähnliche spezielle Steuern, die pro Mengeneinheit zu entrichten sind, finden sich in Deutschland etwa auf Mineralöl, Zucker, Bier, Tabakwaren etc. Was bewirken derartige Steuern?

2.2. Modellierung

Angenommen, in unserem Modell aus Abschnitt 1 müssen Anbieter für jede Einheit des Gutes, die sie verkaufen, einen Steuerbetrag in Höhe von t>0 an den Fiskus abführen (gemessen in € pro Mengeneinheit).

Wenn nun die Nachfrager beim Kauf einen Kaufpreis von p_N je Einheit an die Anbieter entrichten, so verbleibt diesen hiervon ein Nettoerlös von

$$p_A = p_N - t \, .$$

Bei ihren Plänen orientieren Nachfrager sich an dem für sie relevanten Kaufpreis p_N, Anbieter hingegen am Bruttopreis (Stückerlös) $p_A = p_N - t$. Es gilt somit:

$$N = N(p_N) \quad \text{und} \quad A = A(p_A) = A(p_N - t) \, .$$

Die oben bereits diskutierten Monotonieeigenschaften von Nachfrage- und Angebotsfunktion gelten selbstverständlich weiterhin:

$$N'(p_N) < 0 \quad \text{und} \quad A'(p_A) > 0$$

für alle Preise im relevanten Definitionsbereich.

Ebenso beschreibt ein Gleichgewicht nach wie vor eine Situation, in der die Pläne von Nachfragern und Anbieter miteinander kompatibel sind, wo also angebotene und nachgefragte Menge übereinstimmen:

Definition: Ein <u>Gleichgewicht auf einem Markt mit einer Mengensteuer in Höhe von t</u> ist ein *Nachfrager*preis (=Kaufpreis) p* derart, dass

$$A(p* - t) = N(p*) \, .$$

Wenn man t=0 setzt, erkennt man, dass diese Definition unsere erste Definition des Gleichgewichts verallgemeinert (ohne Steuer war die Unterscheidung in Nachfrager- und Anbieterpreis natürlich überflüssig). Zugleich wird, wenn man negative Steuern ($t < 0$) zulässt, in obiger Definition auch der Fall von Subventionen erfasst, den wir aber im Folgenden inhaltlich nicht weiterverfolgen werden.

2.3. Graphische Illustration

Vor einer mathematischen Analyse, wie eine Steuer $t > 0$ das Gleichgewicht beeinflusst, hilft eine graphische Illustration womöglich, die Intuition zu schärfen.

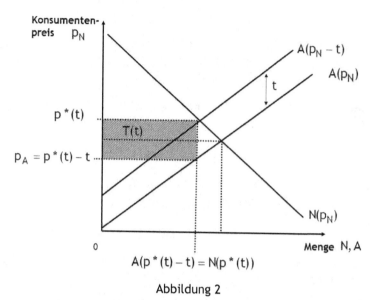

Abbildung 2

Der entscheidende Schlüssel zum Verständnis von Abbildung 2 liegt darin, dass die Mengensteuer wie eine Parallelverschiebung der Angebotskurve „nach oben" im Ausmaß von t wirkt: Bei jedem (beliebigen) Nettopreis p orientieren sich die Anbieter an dem für sie interessanten Bruttopreis bzw. Stückerlös (p-t).

Vergleicht man in Abbildung 2 die Gleichgewichte ohne Steuer (Schnittpunkt von N(p) und A(p)) und mit Steuer (Schnittpunkt von N(p) und A(p-t)), so erkennt man, dass durch die Steuer offensichtlich

- der von den Nachfragern zu zahlende Preis steigt,

- der den Anbietern verbleibende Stückerlös sinkt und

- die Gleichgewichtsmenge zurückgeht.

Diese Beobachtungen erscheinen ökonomisch plausibel. Allerdings stellt sich natürlich die Frage, inwiefern sie allgemein sind oder vielmehr nur in dieser Grafik oder für die dort unterstellt lineare Spezifikation gelten. Zudem wäre es interessant zu erfahren, welche Größenordnung diese Effekte haben und wovon diese abhängt.

2.4. Mathematische Analyse

Hier hilft die Mathematik. Wichtig ist dabei die Einsicht, dass die Gleichgewichtsbedingung

$$A(p^* - t) = N(p^*)$$

implizit einen Zusammenhang (mathematisch wiederum: eine Funktion) zwischen dem (gleichgewichtigen) Nachfragerpreis und Steuersatz definiert:

$$p^* = p^*(t).$$

Dies wird klar, indem man überlegt, wie man die obige Gleichgewichtsbedingung lösen würde, wenn denn die konkrete Spezifikation bekannt wäre: Man würde versuchen, die Variable p^* auf einer Seite einer Gleichung zu isolieren, während auf der anderen die übrigen Parameter (insbesondere also der Steuersatz t) versammelt werden. Dies definiert dann direkt die obige Funktion $p^*(t)$. Kennte man sie, so wüsste man neben dem Nachfragerpreis ebenfalls Bescheid über:

- den Anbieterpreis $p_A(t) = p^*(t) - t$

- und die gleichgewichtige Menge: $A(p^*(t) - t)$ oder $N(p^*(t))$.

Ärgerlich ist jetzt nur, dass man die Funktion $p^*(t)$ nicht kennt. Und selbst wenn man sie im Einzelfall konkret ausrechnen könnte, würde das ja immer noch nicht viel über die allgemeinen Zusammenhänge sagen.

Man kann aber mithilfe der Gleichgewichtsbedingung versuchen herauszufinden, was mit dem Gleichgewichtspreis passiert, wenn sich die Steuer *ein bisschen* ändert; hierbei ist es (analytisch) unerheblich, ob man ausgehend von einer steuerfreien Situation eine geringfügige Steuer neu einführt oder ob man eine bereits existierende Steuer leicht erhöht.

Wenn die Steuer erhöht wird, wird das Marktgleichgewicht offensichtlich gestört, sofern nicht noch irgendetwas anderes passiert: die Anbieter werden, da die Steuer ihren Stückerlös mindert, ihr Angebot reduzieren wollen. Damit kann aber die vorherige Nachfrage nicht mehr gedeckt werden; es würde zur Rationierung kommen. Dies kann (nur) vermieden werden, wenn der Preis steigt. Das würde dann die Schere aus beiden Richtungen wieder schließen: Nachfrager würden ihre Nachfrage zurückfahren, Anbieter einen Teil ihrer Angebotsreduktion wieder zurücknehmen. Die Preiserhöhung muss in einem solchen Ausmaß stattfinden, dass Ende wieder ein Gleichgewicht besteht (naturgemäß ein anderes als vorher).

Diese ökonomische Logik kann man mathematisch wie folgt umzusetzen: Wenn sich (nur) die Steuer t geringfügig ändert (etwa im Ausmaß von dt), dann bringt das die Gleichgewichtsbedingung $A(p^* - t) - N(p^*) = 0$ ungefähr um

$$\Delta_1 := -A'(p^* - t)\, dt$$

aus dem Lot. „Ungefähr" bezieht sich hier darauf, dass die wahre Änderung $A(p^* - (t + dt)) - A(p^* - t)$ durch Δ_1 linear approximiert wird - woran man im Mathematikunterricht die Idee des Differenzenquotienten und seines Grenzwertes erläutern könnte.

Wenn sich hingegen (nur) der Preis um ein bisschen (etwa um dp^*) ändert, dann bringt dies das Gleichgewicht (ungefähr) um

$$\Delta_2 := [A'(p^* - t) - N'(p^*)]\, dp^*$$

aus dem Lot. Damit am Ende wieder die Gleichgewichtsbedingung gilt, müssen sich Steuer- und Preiseffekt aufheben:

$$\Delta_1 + \Delta_2 = 0\,.$$

Löst man dies nach dp^* auf und dividiert man anschließend durch dt, so erhält man

$$\frac{dp^*}{dt} = \frac{A'(p^* - t)}{A'(p^* - t) - N'(p^*)} = \frac{1}{1 - N'(p^*)/A'(p^* - t)}\,.$$

Diese Gleichung gibt an, um wie viel sich der Nachfragepreis ändern muss (dp^*), wenn sich die Steuer um dt ändert und der Markt vor und nach der Änderung im Gleichgewicht sein soll.

Vor einer ausführlichen Interpretation der rechten Seite dieser Gleichung ist es wichtig zu rekapitulieren, was hier eigentlich ausgerechnet wurde: Gefragt war, wie das Gleichgewicht in Abhängigkeit der Mengensteuer aussieht. Der direkte Weg, die Gleichgewichtsbedingung direkt nach $p^* = p^*(t)$ aufzulösen, war allerdings versperrt. Mit dp^*/dt ist nun aber immerhin ermittelt, wie das Gleichgewicht sich *ändert*, wenn die Steuer geringfügig variiert. Wir haben damit (wenn man den Grenzübergang $dt \to 0$ vollzieht) die Ableitung der unbekannten Funktion $p^* = p^*(t)$ ermittelt!

Mathematisch ist das natürlich nichts anderes als die Anwendung des Satzes von der impliziten Funktion – dies muss aber im schulischen Unterricht gar nicht erwähnt werden.

2.5. Interpretation

Ökonomisch und auch für den Mathematikunterricht interessanter ist die Interpretation von

$$\frac{dp^*}{dt} = \frac{A'(p^* - t)}{A'(p^* - t) - N'(p^*)}.$$

Hier beginnt jetzt die „Rückübersetzung" des mathematischen Modells in die Alltagssprache.

- Man erinnere zunächst, dass $A'(p) > 0 > N'(p)$. Damit ist das Vorzeichen von $\frac{dp^*}{dt}$ positiv: eine Erhöhung der Steuer führt zu einer Erhöhung des von den Nachfragern zu entrichtenden Preises. Die von den Anbietern zu *zahlende* Steuer belastet also die Nachfrager; diese tragen die Steuer mit. Aber nur teilweise: da der Zähler kleiner als der Nenner ist, gilt ferner $\frac{dp^*}{dt} < 1$ - die Preiserhöhung für die Konsumenten fällt also geringer aus als die Steuererhöhung.

- Da der Bruttopreis (=Stückerlös) durch $p_A(t) = p^*(t) - t$ gegeben ist, gilt für seine Ableitung nach dem Steuersatz (Summenregel):

$$\frac{dp_A(t)}{dt} = \frac{dp^*(t)}{dt} - 1.$$

Da $\frac{dp^*(t)}{dt} \in (0,1)$, liegt $\frac{dp_A(t)}{dt}$ zwischen -1 und Null: Eine Steuererhöhung führt zu einer Reduktion des Anbieterpreises, aber betragsmäßig um weniger als die Steuererhöhung. Die Anbieter, die die Steuer zu zahlen haben, tragen sie also nicht vollständig, sondern können sie teilweise an die Nachfrager überwälzen (s.o.).

Dies ist ein allgemeiner Befund: von einer Steuer – egal, auf welcher Marktseite sie „juristisch" angesiedelt sein mag – sind immer *beide* Marktseiten negativ betroffen: Nachfrager werden durch einen höheren Kaufpreis, Anbieter durch einen geringeren Stückerlös belastet.

- Für die gleichgewichtige Menge $N(p^*(t))$ gilt unter Verwendung der Kettenregel

$$\frac{dN}{dt} = N'(p^*(t)) \cdot \frac{dp^*(t)}{dt} < 0.$$

Sie ist also umso geringer, je höher der Steuersatz ist. Dasselbe kommt natürlich heraus, wenn man über die Angebotsmenge im Gleichgewicht argumentiert:

$$\frac{dA}{dt} = A'(p_A(t)) \cdot \frac{dp_A(t)}{dt} < 0.$$

Damit sind alle Ergebnisse der graphischen Illustration formal und für beliebige Angebots- und Nachfragefunktionen bestätigt.

2.6. Größenordnung der Effekte

In der Schreibweise

$$\frac{dp^*}{dt} = \frac{1}{1 - N'(p^*)/A'(p^*-t)}$$

wird sichtbar, wovon die Größenordnung der Steuerwirkung auf das Gleichgewicht abhängt, nämlich vom Verhältnis $N'(p^*)/A'(p^*-t)$. Hier ist jetzt wieder Übersetzungsarbeit zu leisten: die jeweilige Ableitung misst, wie stark Nachfrage bzw. Angebot auf Preisänderungen reagieren. Das Verhältnis der Ableitungen misst dann die relative Reagibilität von Nachfrage und Angebot auf Preisänderungen. Je sensitiver die Nachfrage (verglichen mit dem Angebot) oder je unempfindlicher das Angebot (verglichen mit der Nachfrage) auf Preisänderungen reagiert, d.h., je größer $|N'(p^*)|/A'(p^*-t)$, desto kleiner ist $\frac{dp^*}{dt}$ und desto schwächer schlägt damit also die Steuer auf den Nachfragerpreis durch. Spiegelbildlich ist dann der Effekt auf den Anbieterpreis umso stärker:

$$\frac{dp_A}{dt} = \frac{N'(p^*)/A'(p^*-t)}{1 - N'(p^*)/A'(p^*-t)} = \frac{1}{A'(p^*-t)/N'(p^*) - 1}$$

Umgekehrt gilt: Je unsensitiver die Nachfrage (verglichen mit dem Angebot) oder je empfindlicher das Angebot (verglichen mit der Nachfrage) auf Preisänderungen reagiert, d.h., je kleiner $|N'(p^*)|/A'(p^*-t)$, desto größer ist $\frac{dp^*}{dt}$ und desto größer

(d.h. näher bei Null) ist $\frac{dp_A}{dt}$, d.h., desto stärker schlägt die Steuer auf den Nachfragerpreis durch und desto weniger wird die Anbieterseite belastet. Insgesamt gilt also: Diejenige Marktseite, die beweglicher reagieren kann als die andere, wird von der Steuer schwächer betroffen.

Der (negative) Effekt einer Änderung der Steuer auf die Gleichgewichtsmenge, wie ihn die Ableitung

$$\frac{dN}{dt} = \frac{N'(p*(t)) \cdot A'(p*(t) - t)}{A'(p*(t) - t) - N'(p*(t))} = -\left(\frac{1}{A'(p*(t) - t)} - \frac{1}{N'(p*(t))}\right)^{-1}$$

misst, ist (im Absolutwert) umso stärker, je größer $|N'(p*)|$ oder $A'(p* - t)$ sind, d.h. je sensibler Nachfrage und Angebot auf Preisänderungen reagieren.

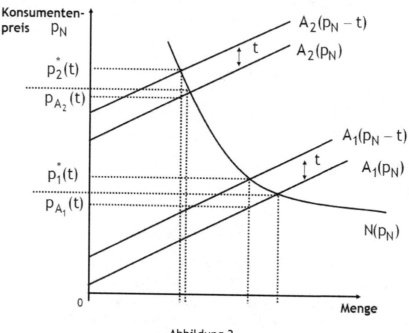

Abbildung 3

Abbildung 3 visualisiert diese Effekte exemplarisch. Hier werden zwei verschiedene Situationen betrachtet, repräsentiert durch die Angebotsfunktionen A_1 und A_2. Die Funktionen sind linear und verlaufen parallel, womit ihre Ableitungen konstant und identisch sind; es gibt also keine Unterschiede bei A'. Die Situationen unterscheiden sich aber in der Nachfragereagibilität: In Situation 1 ist die Nachfragefunktion recht steil (gesehen aus der p-Perspektive!), die Nachfrage reagiert also stark auf Preisänderungen und N' ist im Absolutwert „groß"; in Situation 2 hingegen verläuft die Nachfragefunktion flacher, die Nachfrage ist weniger sensitiv in Bezug auf Preisänderungen und N' ist entsprechend absolut niedriger. Wie man erkennt, löst dieselbe Steueränderung im Ausmaß von t in Situation 1 einen stärkeren Rückgang in der gleichgewichtigen Menge, einen geringeren Anstieg im Nettopreis und einen stärkeren Rückgang im Bruttopreis/Stückerlös aus als in Situation 2 – genau wie es die mathematische Herleitung vorhersagt.

An Abbildung 3 erkennt man auch, dass $\frac{dp*(t)}{dt}$, $\frac{dp_A(t)}{dt}$ und $\frac{dN(p*(t))}{dt}$ lokale Maße sind: die in den jeweiligen Formeln enthaltenen Ableitungen $N'(p*(t))$ und $A'(p*(t) - t)$ sind im jeweiligen Gleichgewicht $p(t*)$ zu messen, und ihre absoluten Werte variieren je nach Situation. Beispielsweise könnte Situation 1 in Abbildung 3 einen Fall darstellen, wo eine Steuer in Höhe von t neu eingeführt wird, während in Situation 2 eine existierende Steuer um t erhöht wird. Die Steueränderung ist jeweils dieselbe, aber ihre Auswirkungen auf Bruttopreis, Nettopreis und gehandelte Menge sind verschieden. Man kann hierzu auch allgemeine Aussagen treffen, wozu aber Annahmen über das Krümmungsverhalten und damit über die zweiten Ableitungen von Angebots- und Nachfragefunktion erforderlich sind.

2.7. Steueraufkommen

Für den Finanzminister ist bei einer Steuer sicherlich vor allem interessant, welches Aufkommen sie erwirtschaftet. Dies ist im vorliegenden Fall der Mengensteuer sehr einfach zu berechnen: das Steueraufkommen (abgekürzt mit T) ist die gehandelte (= angebotene und nachgefragte) Menge multipliziert mit dem Steuersatz (der ja in € pro Mengeneinheit gemessen wird). Zu beachten ist aber, dass die gleichgewichtige Menge, also die Bemessungsgrundlage der Steuer eben mit dem Steuersatz variiert:

$$T(t) = t \cdot A(p^*(t) - t) = t \cdot N(p^*(t))$$

Beide Schreibweisen sind äquivalent. In Abbildung 2 lässt sich das Steueraufkommen als das schraffierte Rechteck mit der Höhe $t = p^* - p_A$ und der Breite $A(p_A) = N(p^*)$ visualisieren.

Die Einsicht, dass die Bemessungsgrundlage (hier: die verkaufte Menge) im Modell endogen bestimmt wird und damit variabel ist, liefert für die Überlegung, wie eine Änderung des Steuersatzes das Steueraufkommen beeinflusst, eine interessante Implikation.

Gefragt ist offensichtlich die Monotonierichtung der Funktion $T(t)$. Man kann sie durch die erste Ableitung ermitteln, wobei hier sowohl Produkt- als auch Kettenregel zur Anwendung kommen:

$$\frac{dT}{dt} = N(p^*(t)) + t \cdot N'(p^*) \cdot \frac{dp^*}{dt}.$$

Dies kann man recht einfach interpretieren: Der erste Ausdruck, N, gibt die Erhöhung des Steueraufkommens an, wenn die „alte" Bemessungsgrundlage mit einem nun leicht höheren Steuersatz belastet wird. Der zweite Ausdruck erfasst, dass durch die Steueränderung eine Reduktion in der gleichgewichtigen Menge ausgelöst wird (s.o., Abschnitt 2.4). Dies wird aufkommensmindernd. Insgesamt haben wir also zwei Effekte mit gegensätzlichem Vorzeichen, so dass das Vorzeichen des Gesamteffekts und damit die (lokale) Monotonierichtung $T(t)$ a priori unklar ist. Es ist denkbar, dass es trotz einer Erhöhung des Steuersatzes zu einem Rückgang im Steueraufkommen kommt. Empirisch sind solche Fälle zwar eher selten, sie kommen aber hin und wieder vor: Bis 1953 betrug die Kaffeesteuer in Deutschland 10 DM/kg, ab 1954 wurde sie 3 DM/kg gesenkt. Trotz dieser drastischen Steuersatzsenkung war das Kaffeesteueraufkommen 1954 höher als 1953 – was nur passieren konnte, weil es einen immens starken Effekt auf die Bemessungsgrundlage gab – der Kaffeekonsum in Deutschland stieg rasant.

2.8. Mathematische Fähigkeiten

Rekapitulieren wir noch einmal die mathematischen Kenntnisse, die bisher zur Anwendung gelangen könnten:

- Funktionsbegriff (inkl. Stetigkeit);
- Monotonieverhalten;
- Zusammenhang zwischen erster Ableitung und Monotonieverhalten;

- Ableitungsregeln (Summen-, Produkt- und Kettenregel);
- Gleichungen (und Ungleichungen).

Am Wichtigsten sind aber die „Übersetzungsleistungen": die Modellierung der empirischen Regularitäten, dass ein steigender Preis zu geringerer Nachfrage bzw. höherem Angebot führt, durch streng monotone Funktionen, die formale Darstellung eines Gleichgewichts als Gleichung und die Analyse der Effekte von „Politikmaßnahmen" (hier: Steuern) durch komparative Statik des Gleichgewichts.

Gefordert ist aber sodann die Fähigkeit, erhaltene mathematische Formeln zu interpretieren und in die Alltagssprache zurückzuübersetzen. Das Marktmodell ist hier recht dankbar, da es zum einen recht übersichtlich bleibt, zum anderen aber eine ganze Reihe von sinnvoll interpretierbaren Ergebnissen liefert.

Die mathematische Formulierung eines Marktes für ein Gut durch ein Ein-Gleichungsmodell des Marktgleichgewichts kann eine Reihe von *allgemeinen* Einsichten liefern. Die Betonung liegt hier auf „allgemein", denn alle Beobachtungen und Herleitungen erfolgen unabhängig von funktionalen oder numerischen Parametrisierungen und Spezifikationen; benötigt werden lediglich Nachfrage- und Angebotsfunktionen und Annahmen über ihr Monotonieverhalten.

3. Konsumenten- und Produzentenrente

Im (traditionellen, „neoklassischen") ökonomischen Kalkül ist Handel auf Märkten vorteilhaft und findet freiwillig statt, weil von ihm alle Marktteilnehmer profitieren. Das Ausmaß der Vorteilhaftigkeit kann in unserem Marktmodell recht einfach quantifiziert werden – was dann mathematisch in die Integralrechnung mündet.

Betrachten wir hierzu Abbildung 4, in der eine Nachfragefunktion dargestellt ist.

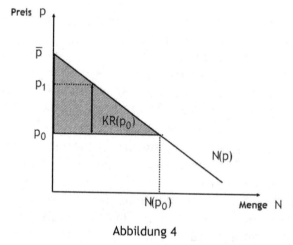

Abbildung 4

Angenommen, es herrsche ein Preis p_0 (der der Gleichgewichtspreis sein kann, aber nicht sein muss), zu dem das Gut erworben werden kann und zu dem die Nachfrager die Menge $N(p_0)$ zu kaufen wünschen. Es gibt aber offensichtlich Käufer, die bereit wären, mehr als p_0 für eine Einheit des Gutes zu zahlen.[2] Ein Nach-

---

[2] Die Darstellung ist hier ökonomisch und mathematisch etwas salopp. Eigentlich wird hier nicht die Nachfragefunktion $x = N(p)$, sondern ihre Umkehrfunktion, die sog. Grenzzahlungsbereitschaftsfunktion $p = N^{-1}(x)$ betrachtet, die angibt, wie viel eine Person (oder eine Gruppe von Personen) bereit

frager, der – wie eingezeichnet – bereit wäre einen Preis von p_1 für das Gut zu zahlen, macht bei einem Kauf zum Preis p_0 ein „Schnäppchen". Die Differenz $p_1 - p_0$ zwischen der maximalen Zahlungsbereitschaft und dem tatsächlich fälligen Preis misst den Vorteil, den dieser Nachfrager aus seinem Kauf zieht. Addiert man diese Vorteile für alle Nachfrager auf, so erhält man die sog. Konsumentenrente (wobei Rente natürlich nichts mit Alterseinkünften zu tun hat, sondern eine Übersetzung des englischen *rent* ist). Geometrisch entspricht sie dem Inhalt der schraffierten Fläche in Abbildung 4. Mathematisch erhält man die Konsumentenrente KR bei einem Preis p_0 offensichtlich als (Riemann-)Integral

$$KR(p_0) = \int_{p_0}^{\bar{p}} N(p)\, dp\,,$$

wobei $\bar{p}$ wie oben den Prohibitivpreis bezeichnet (wenn kein Prohibitivpreis existiert, bildet man das uneigentliche Integral bis $+\infty$).

Die Konsumentenrente ist eine Funktion des herrschenden Kaufpreises. Offensichtlich ist der „Schnäppchenfaktor" umso größer, je niedriger der Kaufpreis ist. Mathematisch formuliert, ist die Konsumentenrente streng monoton fallend im Kaufpreis. Anwendung des Fundamentalsatzes der Analysis auf $KR(p_0)$ bestätigt dies:

$$KR'(p_0) = -N(p_0) < 0.$$

Das Gegenstück zur Konsumentenrente bildet auf der Anbieterseite die sog. Produzentenrente: Manche Anbieter würden das Gut schon preiswerter anbieten als zum herrschenden Verkaufspreis p_0. Die Differenz zwischen dem tatsächlich erzielten Verkaufspreis und dem Mindesterlös, der erreicht werden müsste, damit sich ein Angebot lohnt, misst den Vorteil aus dem Handel aus Anbietersicht. Summiert man diese Vorteile über alle Anbieter auf, so erhält man die sog. Produzentenrente (letztlich ein Maß für den Gewinn). Geometrisch handelt es sich um eine Fläche unter der Angebotsfunktion; formal bestimmt man die Produzentenrente beim Preis p_0 als Integral:

$$PR(p_0) = \int_{\underline{p}}^{p_0} A(p)\, dp\,,$$

wobei $\underline{p}$ wie oben den Mindestpreis bezeichnet. Anbieter finden naturgemäß hohe Preise besser als niedrige. Die Produzentenrente sollte daher eine monoton steigende Funktion im Verkaufspreis sein – und das Vorzeichen der ersten Ableitung von PR bestätigt dies auch:

$$PR'(p_0) = A(p_0) > 0.$$

Die Konsumentenrente misst die Vorteile des Handels aus Sicht der Nachfrager, die Produzentenrente die aus Sicht der Anbieter. Die Interessen der beiden Marktseiten

---

wäre, für eine weitere Einheit des Gutes zu zahlen, wenn sie bereits im Besitz von x Einheiten des Gutes ist. Eine saubere Darstellung (die auf Wunsch beim Verfasser erhältlich ist) ist mit erheblichem Aufgalopp möglich, bliebe aber für die Thematik dieses Aufsatzes ohne angemessenen Erkenntnisgewinn.

sind offensichtlich gegenläufig. Die gesamten (mit etwas Übertreibung: gesamtwirtschaftlichen) Vorteile aus dem Handel in einem Marktgleichgewicht ergeben sich somit als[3]

$$PR(p^*) + KR(p^*).$$

Man kann zeigen, dass die Summe PR+KR bei keinem Handelsvolumen größer ist als im Marktgleichgewicht. Diese Eigenschaft eines Marktgleichgewichts – dass es den aggregierten Vorteil maximiert – stellt den Ausgangspunkt für mögliche normative Analysen von Märkten dar, die wir uns aber hier verkneifen.

4. Erweiterungen

Das hier vorgestellte Partialmodell eines Marktes für nur ein Gut bildet typischer Weise den Einstieg in die volkswirtschaftliche Theorie von Allokationsmechanismen. Es kann und muss in vielfältige Richtungen erweitert und ergänzt werden – wobei dann in der mathematischen Modellierung auch schwerere Geschütze aufgeboten werden müssen als die Analysis von Funktionen mit einer Veränderlichen.
Beispielhaft seien einige Erweiterungen genannt – mitsamt den dann einschlägigen Teilbereichen der Mathematik:

- **Mehrere Güter mit Interdependenzen zwischen den Märkten:** Nachfrage und Angebot nach einem Gut hängen von der Verfügbarkeit und den Preisen anderer Güter ab. Änderungen in einem Markt schwappen in andere Märkte über. Dies führt zur Idee des simultanen Gleichgewichts (s.u.), dessen Modellierung und komparative Statik dann methodisch auf der *Analysis mit mehreren Veränderlichen* beruht. Von besonderer Bedeutung erweisen sich hier die sog. „Kreuzeffekte", d.h. die gemischten partiellen Ableitungen von Nachfrage- und Angebotsfunktionen. Im Wesentlichen verlieren in einem solchen Totalmodell alle Aussagen, die im vorliegenden Text für das einfache Partialmodell eines Marktes für ein Gut abgeleitet wurden, ihre Gültigkeit.

- **Angebots- und Nachfragefunktionen:** In diesem Text wurden Nachfrage- und Angebotsfunktionen im Wesentlichen als Grundbausteine des Marktmodells postuliert und in Anspielung auf angebliche empirische Regularitäten in ihrem Monotonieverhalten motiviert. Die ökonomische Theorie beginnt mehrere Schritte früher: Nachfrage und Angebot sind nicht die *primitives* des Modells, sondern Ergebnis individueller Optimierungskalküle: Nachfragefunktionen werden dabei typischer Weise als das Ergebnis von Nutzenmaximierungskalkülen der Konsumenten, Angebotsfunktionen als das Ergebnis von Gewinnmaximierungskalkülen von Anbietern hergeleitet. *Optimierungen* (mit und ohne Nebenbedingungen) stehen im Zentrum vieler ökonomischer Modelle - und entsprechend breiten Raum nimmt die zugehörige Mathematik ein.

---

[3] Die Summe PR(p)+KR(p) stellt außerhalb eines Gleichgewichts kein sinnvolles Maß für die Summe der Vorteile aus dem Handel auf einem Markt dar: da angebotene und nachgefragte Menge nicht übereinstimmen, bleibt unklar, welche Tauschvorgänge überhaupt vollzogen werden. Unter Verwendung der Umkehrfunktionen von A und N kann man dieses Manko beseitigen (vgl. vorherige Fußnote) und auch die im Text behauptete Maximumeigenschaft des Marktgleichgewichts sauber beweisen – was aber hier nicht weiter verfolgt werden soll.

- **Alternative Marktformen und Gleichgewichtskonzepte:** Eine zentrale Annahme des hiesigen Modells war, dass es sowohl auf der Nachfrage- als auch auf der Anbieterseite sehr viele „kleine" Akteure gab, die individuell keinen Einfluss auf das Marktergebnis zu haben glaubten. Diese Annahme des preisnehmenden Verhaltens trieb dann auch die Formulierung von Angebots- und Nachfragefunktion sowie die Definition des Marktgleichgewichts. Die Lösungskonzepte, wenn die Marktakteure „groß" sind (d.h. Marktmacht haben), verlangen nach *spieltheoretischen Ansätzen*.

- **Stabilität des Gleichgewichts:** Das in Abschnitt 2 verwendete Konzept der komparativen Statik verglich relativ nonchalant ein Gleichgewicht mit einem anderen. Ob und wie das neue Gleichgewicht erreicht wird, wenn das alte keinen Bestand mehr haben kann, wurde dabei ignoriert. Diese Auslassung ist keineswegs trivial – wie Stabilitätsüberlegungen, die mittels *Differenzen- und Differentialgleichungen* modelliert werden können, eindrucksvoll und ernüchternd belegen.

- **Existenz und Eindeutigkeit von Gleichgewichten:** Im Rahmen unseres einfachen Marktmodells gab es in Abschnitt 1 einige rudimentäre Überlegungen zur Existenz und Eindeutigkeit von Marktgleichgewichten – im Wesentlichen ging es um die Lösbarkeit einer Gleichung in einer Veränderlichen. Erwartungsgemäß reicht dies in komplexeren Modellen mit Interdependenzen zwischen mehreren Märkten nicht mehr aus. Hier muss man die Menge möglicher Allokationen als einen *topologischen Raum mit bestimmten Fixpunkteigenschaften* modellieren – was weit über die Schulmathematik hinausgeht.

5. Schluss

Die Mathematik ist aus der modernen Ökonomik nicht mehr wegzudenken. Seriöse ökonomische Fachzeitschriften sind ohne tiefer gehende Kenntnisse zumindest von Teilbereichen der Mathematik kaum zu verstehen. Ideengeschichtlich hat die Mathematisierung mit ihrer Betonung auf formal-konsistente Modelle und präzise statistisch-ökonometrische Methodik eine hohe Disziplinierung ökonomischen Denkens bewirkt.

Mathematische *illitterati* – also die meisten Gelegenheits- und Gesinnungsökonomen - fühlen sich dabei ausgegrenzt und kritisieren mit fatal positivem Echo in der Öffentlichkeit, Ökonomen litten unter Physik-Neid und strebten über die Mathematik nach einer „Vernaturwissenschaftlichung" einer Sozialwissenschaft. Die Verwendung von Mathematik in der Volkswirtschaftslehre befördert nach dieser Argumentation Weltfremdheit, Irrelevanz, Szientismus und nicht zuletzt ein hyperrationales, empirisch falsches und normativ fragwürdiges Menschenbild. Das ist Unsinn – wenngleich auf der Gegenseite vielen ökonomischen Theoretikern die Lust und bisweilen auch die Fähigkeit fehlt, ihren formelbeladenen Urtext in Alltagssprache zu übersetzen. Ohne Übersetzungsarbeit und -kompetenz in beide Richtungen – von der Mathematik zur Ökonomik und umgekehrt - dürfen sich Ökonomen aber nicht wundern, wenn sie niemand versteht, wenn Debatten zu Wirtschaftsthemen von Ideologen und Fachfremden dominiert werden und wenn von ökonomischen Theorien nur jene Metaphern und Versatzstücke überdauern und „zur Anwendung gelangen", die ohne (viel) Mathematik auskommen.

Ökonomische Modelle sind vereinfachte, oft stilisierte Darstellungen, die (hoffentlich mindestens, dann aber auch nur) die interessierenden Strukturen und Variablen einer ökonomischen Situation beinhalten bzw. abbilden. Sie bedienen sich zu ihrer Darstellung der Mathematik als Sprache, verwenden die Logik der Mathematik („Umformungen") als Vehikel, um die Zusammenhänge im Modell konsistent und genauer zu verstehen, und versuchen, hieraus etwas Relevantes über das mögliche Funktionieren oder auch die Gestaltbarkeit der Realität zu lernen („Rückübersetzung").

Für den schulischen Mathematikunterricht (aber ebenso natürlich für die Mathematik-Kurse in wirtschaftswissenschaftlichen Studiengängen) heißt dies: Im Zentrum sollte die Modellierung stehen. Die übermäßige Befassung der Schüler und Studierenden mit Zahlenbeispielen und Rechenaufgaben ist hier sogar kontraproduktiv, suggeriert sie doch, es ginge in den Wirtschaftswissenschaften vorrangig um numerische Präzision. In formalen ökonomischen Modellen tauchen aber *idealiter* gar keine Zahlen auf, sondern nur Buchstaben und Symbole. Es geht bei der Mathematik in der Ökonomik gerade darum, das „Ausrechnen" vermeiden zu können und stattdessen strukturelle Zusammenhänge oder qualitative Denkmöglichkeiten aufzudecken. Dabei ist Modellierungskompetenz wichtiger als Berechnungskompetenz.

Literatur

Der vorliegende Text verletzt klar die Regeln guter wissenschaftlicher Praxis, als er keinerlei Quellenangaben enthält. Dies heißt aber mitnichten, dass seine Inhalte das originäre Gedankengut des Verfassers sind. Im Gegenteil: Abschnitte 1 bis 4 sind mikroökonomisches Gemeingut. Sie finden sich in jedem ordentlichen Lehrtext zur Mikroökonomik oder zur mathematischen Wirtschaftstheorie. Ein Literaturüberblick oder eine Genealogie zur (formalen) Theorie des Marktes würde den hiesigen Rahmen vollends sprengen. Stattdessen seien zum Stöbern einige *Lehrbücher* angegeben [mit eigenen und daher fragwürdigen Kommentierungen], die Mathematik und Ökonomik gut miteinander verknüpfen.

Literatur

Jehle, Geoffrey A. und Philip J. Reny (2011), *Advanced Microeconomic Theory*. 3. Auflage. Pearson: Harlow etc. [modernes Lehrbuch der Mikroökonomie; formal]

Mas-Colell, Andreu, Michael D. Whinston, und Jerry R. Green (1995), *Microeconomic Theory*. Oxford University Press: Oxford. [die "Bibel" der mathematischen Mikroökonomik]

Simon, Carl E. und Lawrence E. Blume (1994), *Mathematics for Economists*. W.W. Norton & Company: New York. [ein unübertroffener Klassiker]

Sydsaeter, Knut und Peter Hammond (2008), *Mathematik für Wirtschaftswissenschaftler: Basiswissen mit Praxisbezug*. 3., aktualisierte Auflage. Pearson Studium: München. [massentauglicher Lehrtext]

Varian, Hal R. (2009), *Grundzüge der Mikroökonomik*. 8. Auflage. Oldenbourg Verlag: München. [Klassiker; nicht formal, aber dennoch präzise]

Anschrift des Autors:
Prof. Dr. Andreas Wagener
Institut für Sozialpolitik, Leibniz Universität Hannover.
E-Mail: wagener@sopo.uni-hannover.de